AF619657

**OUVRAGE DU MÊME AUTEUR.**

---

*Sous presse :*

**ESSAI SUR LES FONCTIONS ELLIPTIQUES.**

Cet ouvrage, de format in-4°, paraîtra par livraisons à partir de Janvier 1845.

PARIS.—IMPRIMERIE DE FAIN ET THUNOT,
RUE RACINE, 28, PRÈS DE L'ODÉON.

# TRAITÉ

DES

# LIGNES DU SECOND ORDRE

PAR

M. ANGER DE LA LORIAIS

ANCIEN ÉLÈVE DE L'ÉCOLE POLYTECHNIQUE,

INGÉNIEUR AU CORPS ROYAL DES PONTS ET CHAUSSÉES.



TOME SECOND.

PLANCHES.

PARIS.

CARILIAN-GOEURY ET Vᵛᴱ DALMONT, ÉDITEURS,

LIBRAIRES DES CORPS ROYAUX DES PONTS ET CHAUSSÉES ET DES MINES,

Éditeurs des Nouvelles Annales de Mathématiques, etc., etc.

Quai des Augustins, nᵒˢ 39 et 41.

1845.

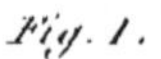

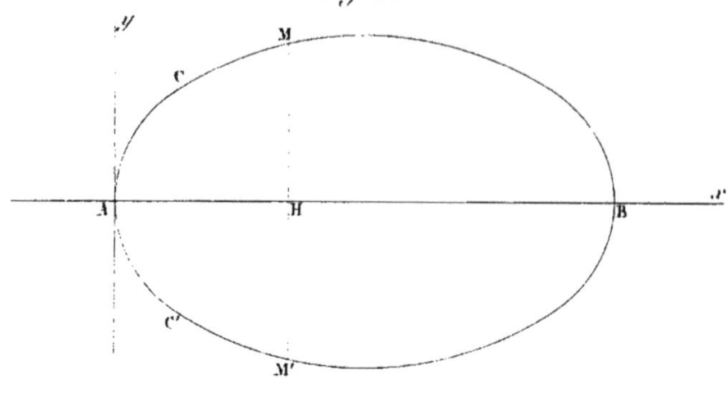


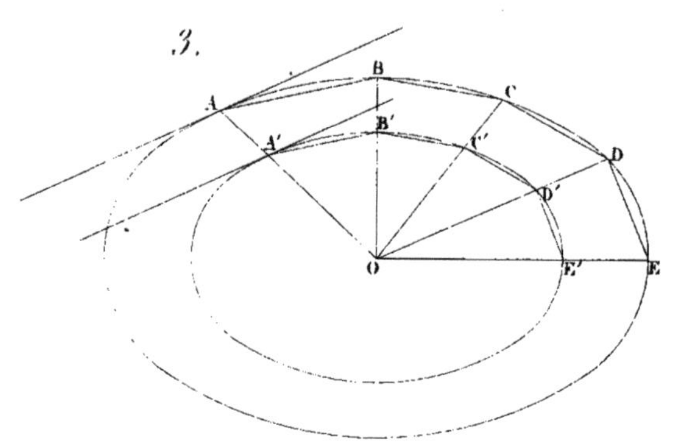


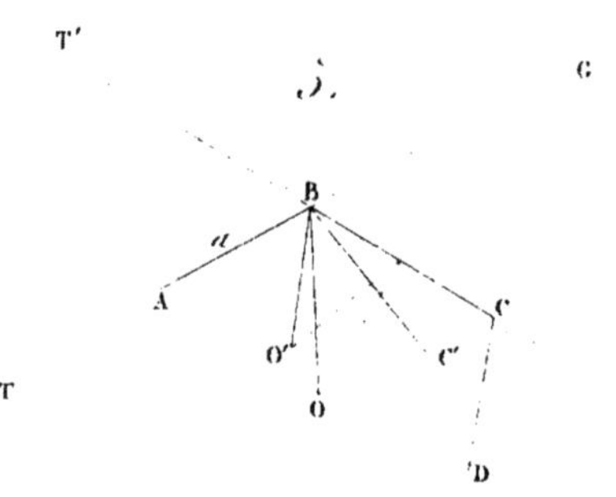


Ecole r. d' des Ponts & Chaussées, del'

2.

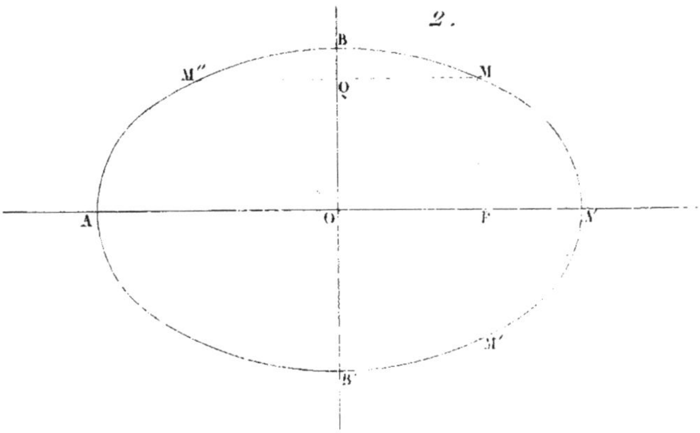

B
M''
M
Q
A
O
F
A'
M'
B'

M

4.

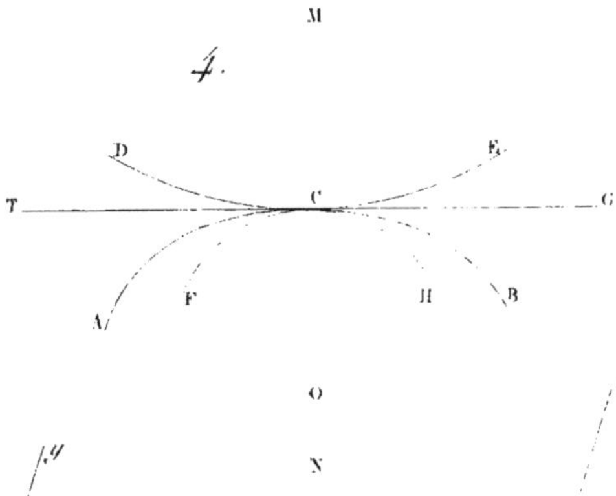

D
E
T
C
G
A
F
H
B

O
N

6.

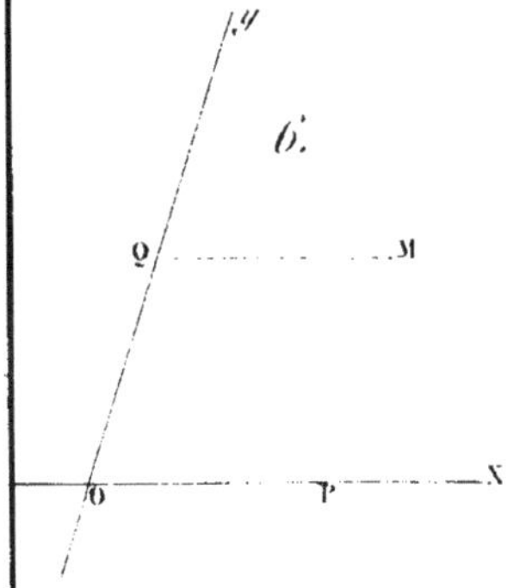

y
Q
M
O
P
X

7.

Z
Q
M
O
X
R
Y

Lemaître sc.

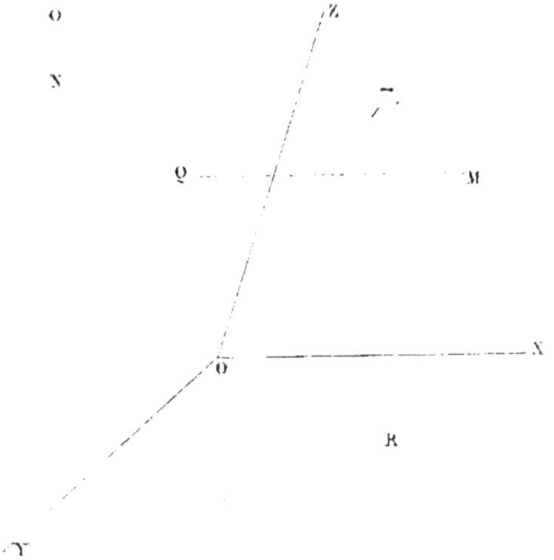

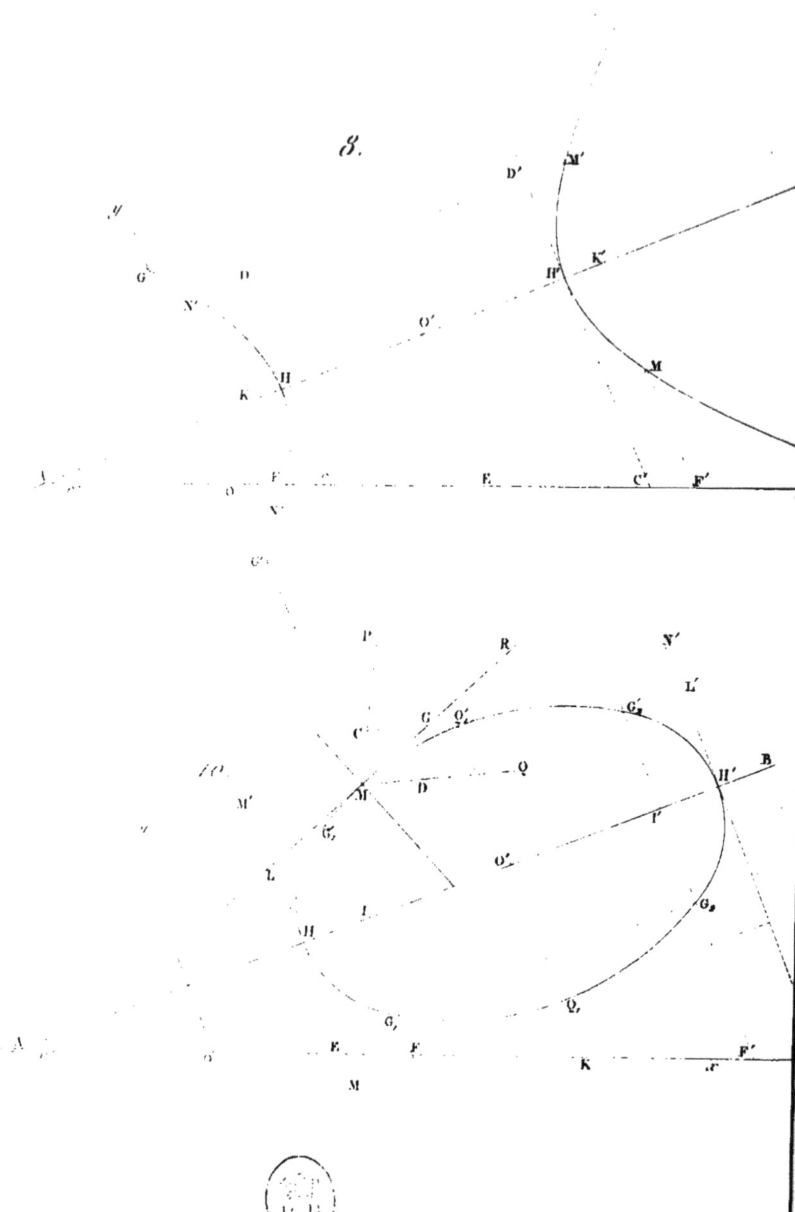
8.
D′
M′
K′
H′
G
D
N′
O′
H
K
M
A
F
E
C′
F′
P
R
N′
L′
G
Q′
G′
C
B
H′
Q
D
M
M′
G,
P′
O′
L
I
G,
H
Q,
G,
A
E
F
K
F′
M

9.

11.

12.

M P H N

A O B

P H' m Q

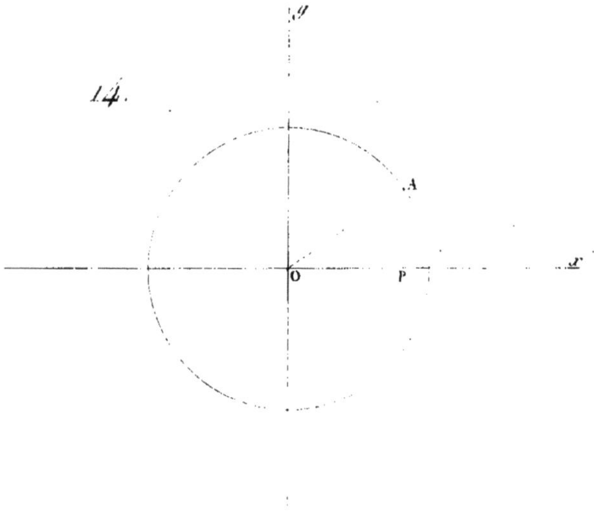


Marie cond^r des Ponts et Chaussées del.

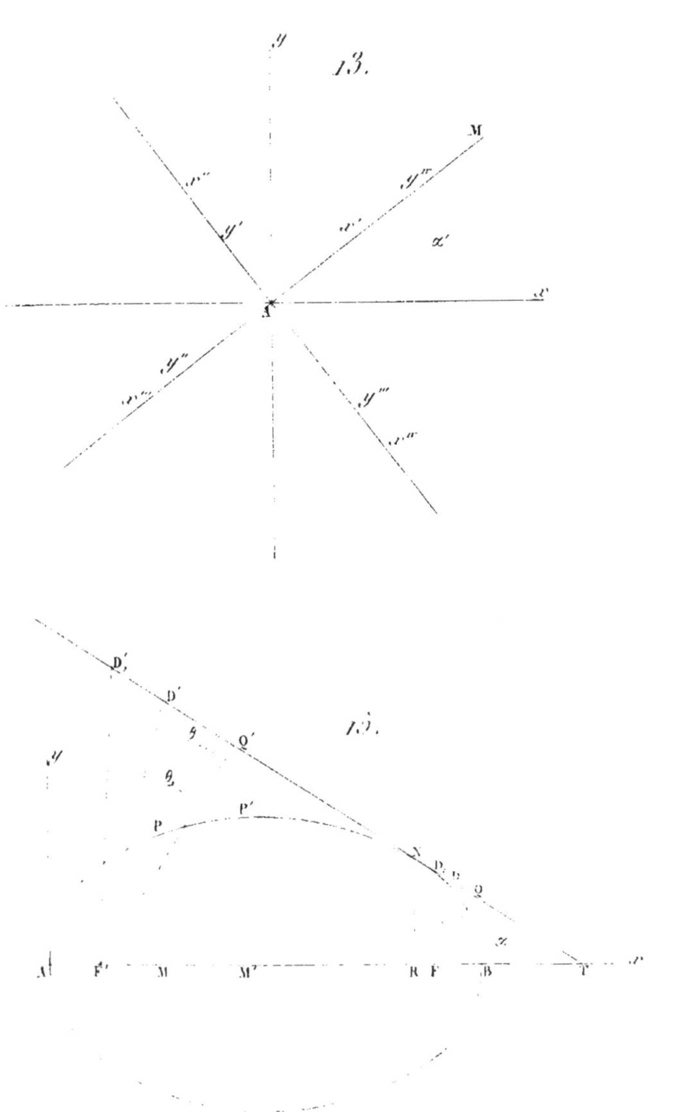

Borie cond.r des Ponts et Chaussées del.

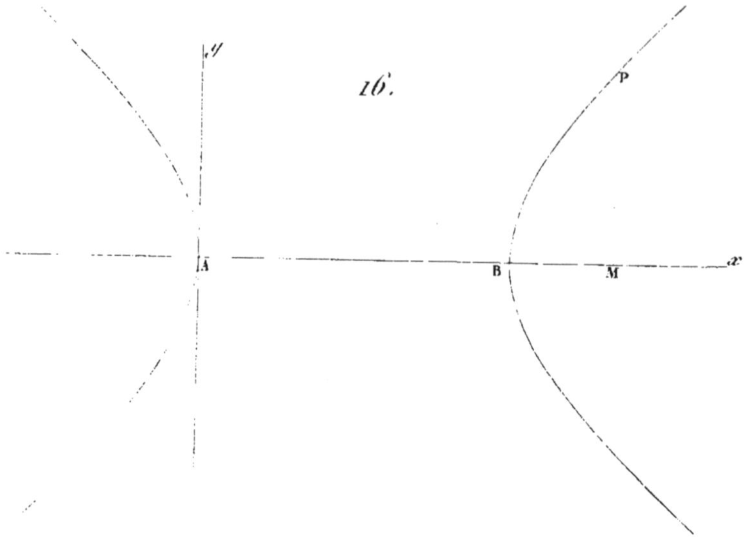

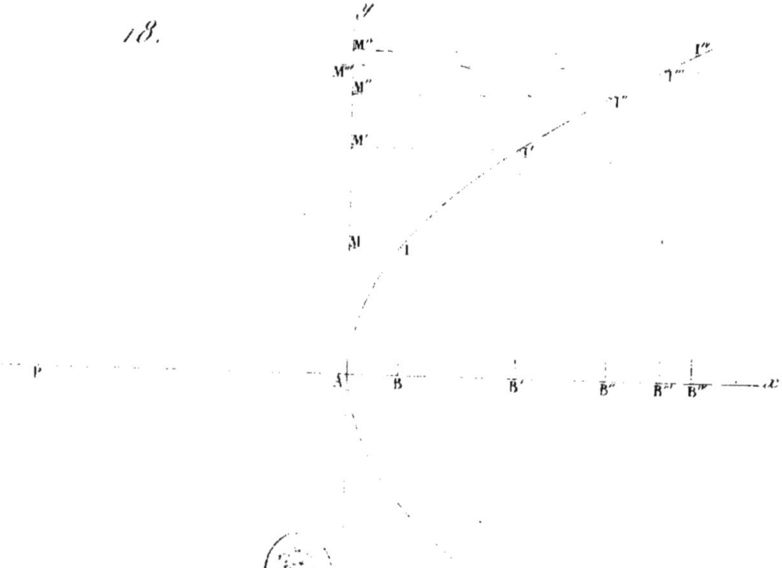

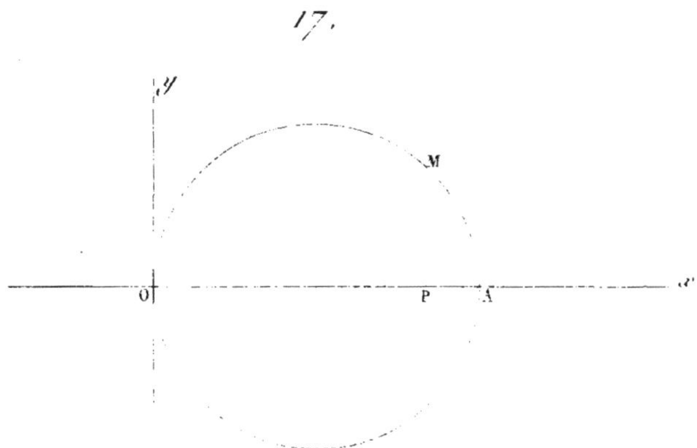


M
19.
y
M'
M''
A
P
x

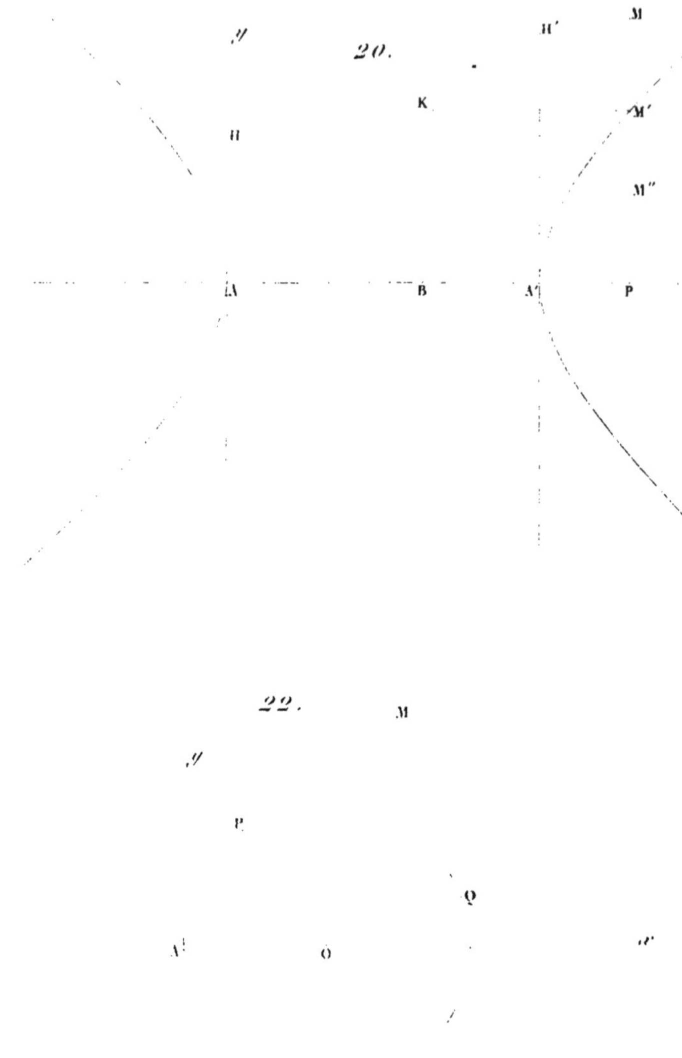


[illegible] des Ponts et Chaussées del.

Pl. 5.

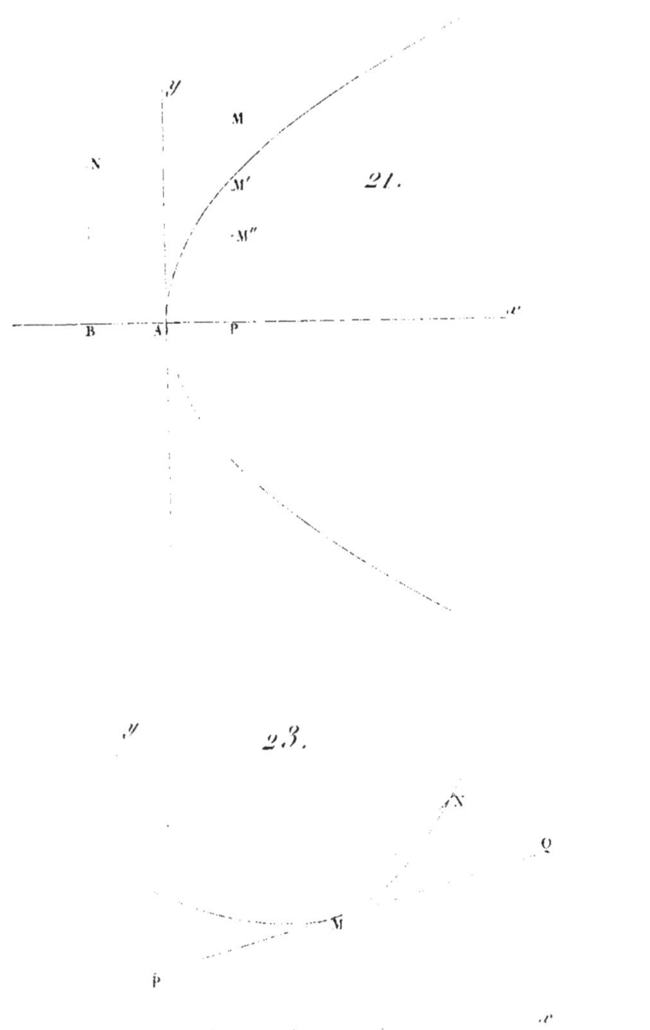

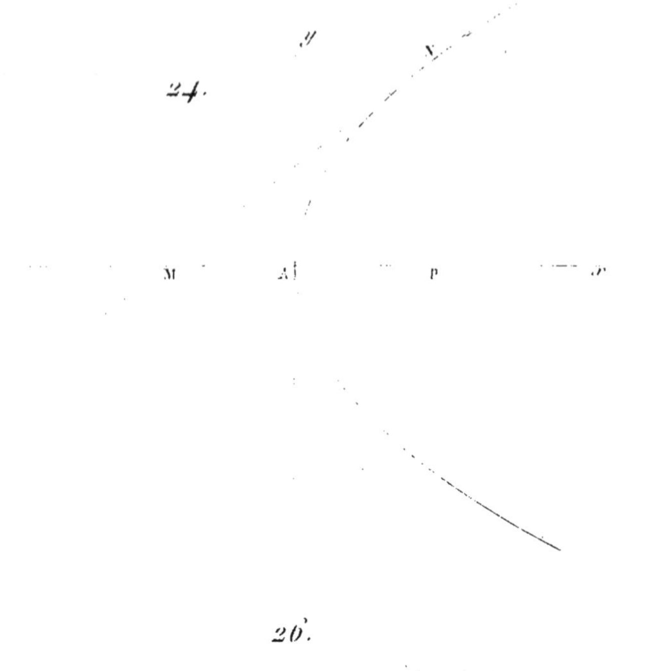
24.
y
N
M
A
P
x

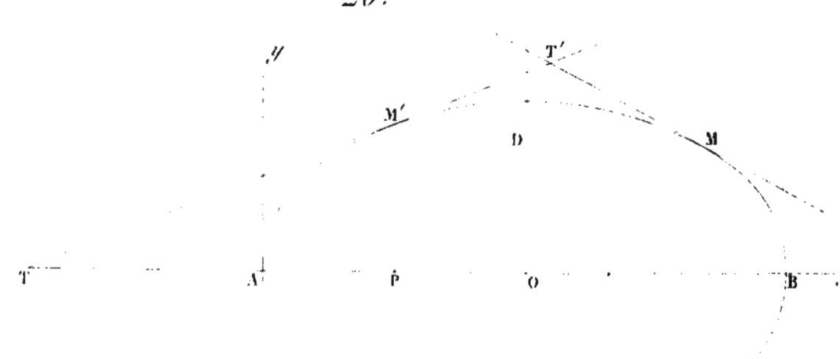
26.
y
T'
M'
D
M
T
A
P
O
B
x

Pl. 6.

Lemaître sc

28.

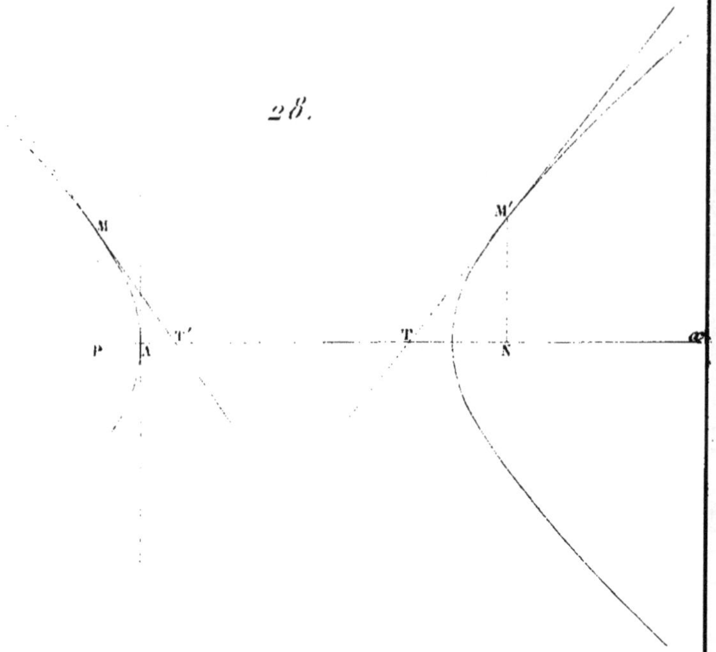

30.

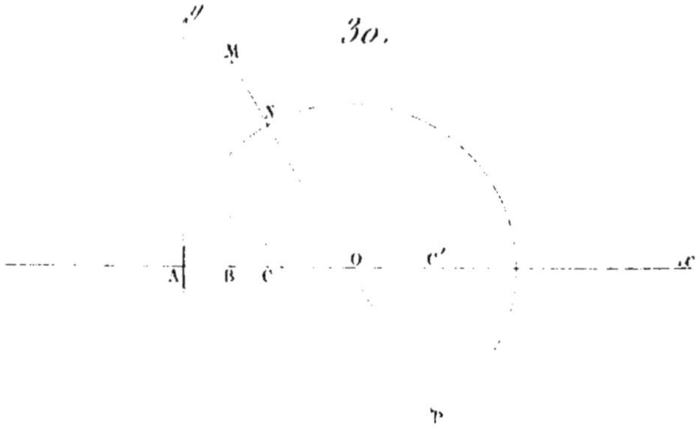

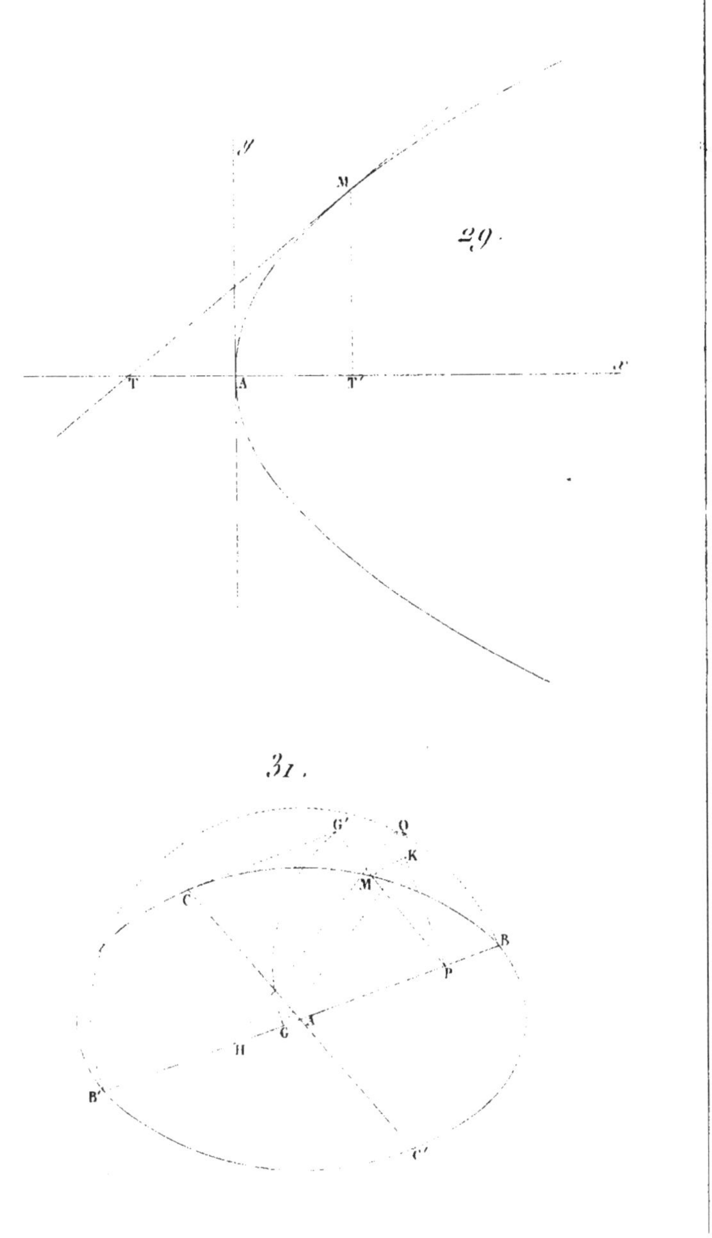


Lemaître sc.

Marie sculp. ... Chaumereau del.

33.

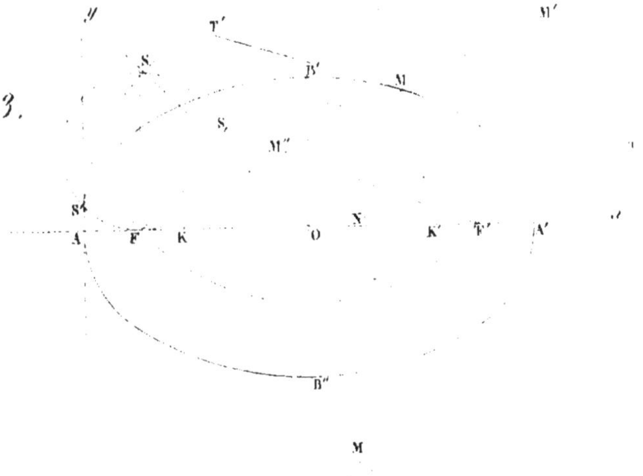

y T′ M′ S B′ M S, M″ S′ A F K O N K′ F′ A′ x B″ M

35.

A F K O F′ B

36.

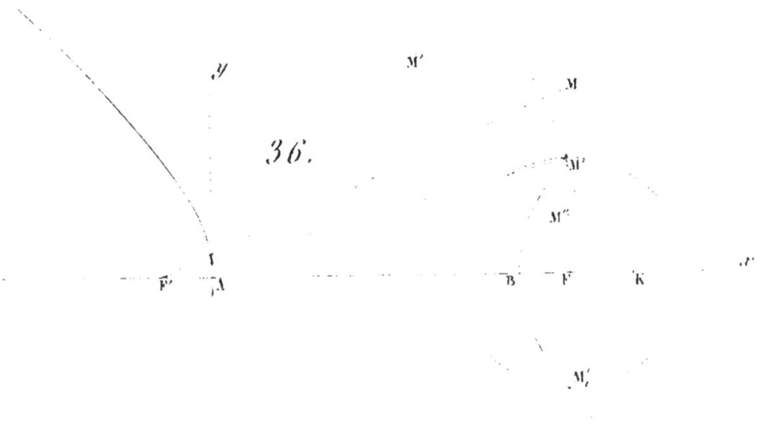

y M′ M M′ M″ F′ A B F K x M′,

Lemaître sc.

37.

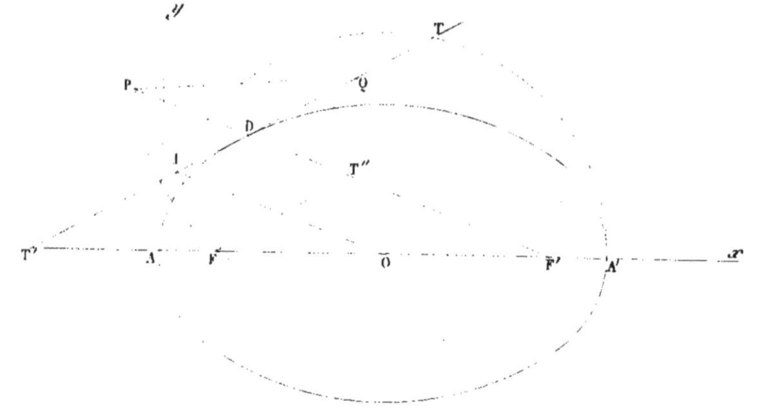

39.

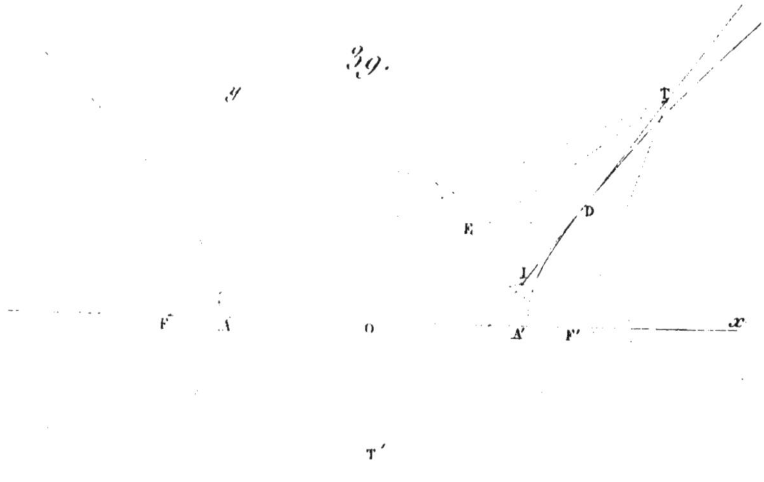

Marec, cond^r des Ponts et Chaussées del.

38.

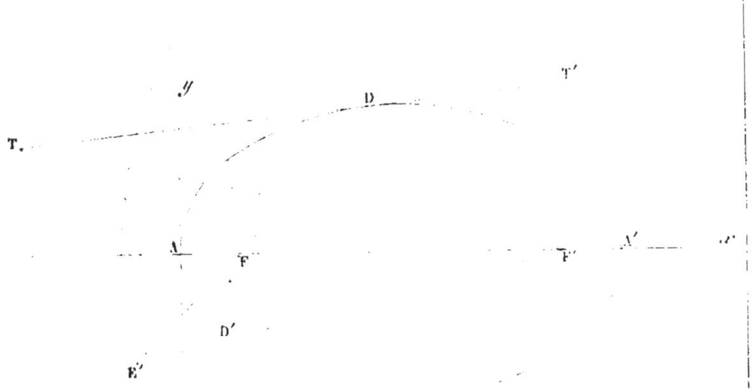

E

T′

y

D

T.

A

F

F′

A′

x

D′

E′

40.

E′

y

T

F′

A

O

A′

F

x

E

D

T′

Lemaître sc.

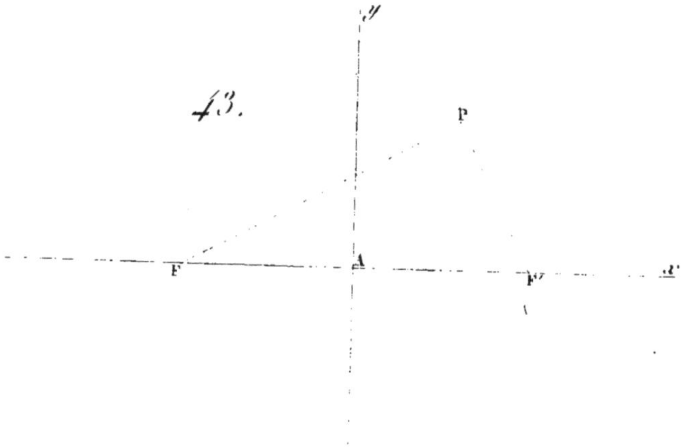

Marie cond.r des Ponts et Chaussées del.

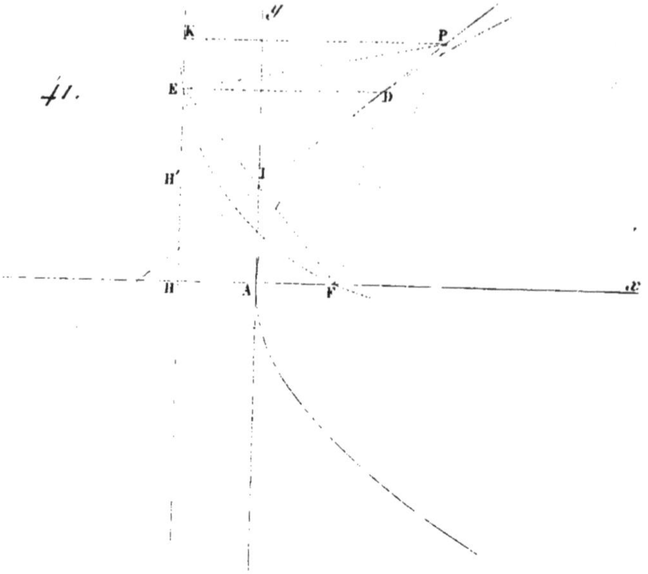

42.

44.

Lemaitre sc.

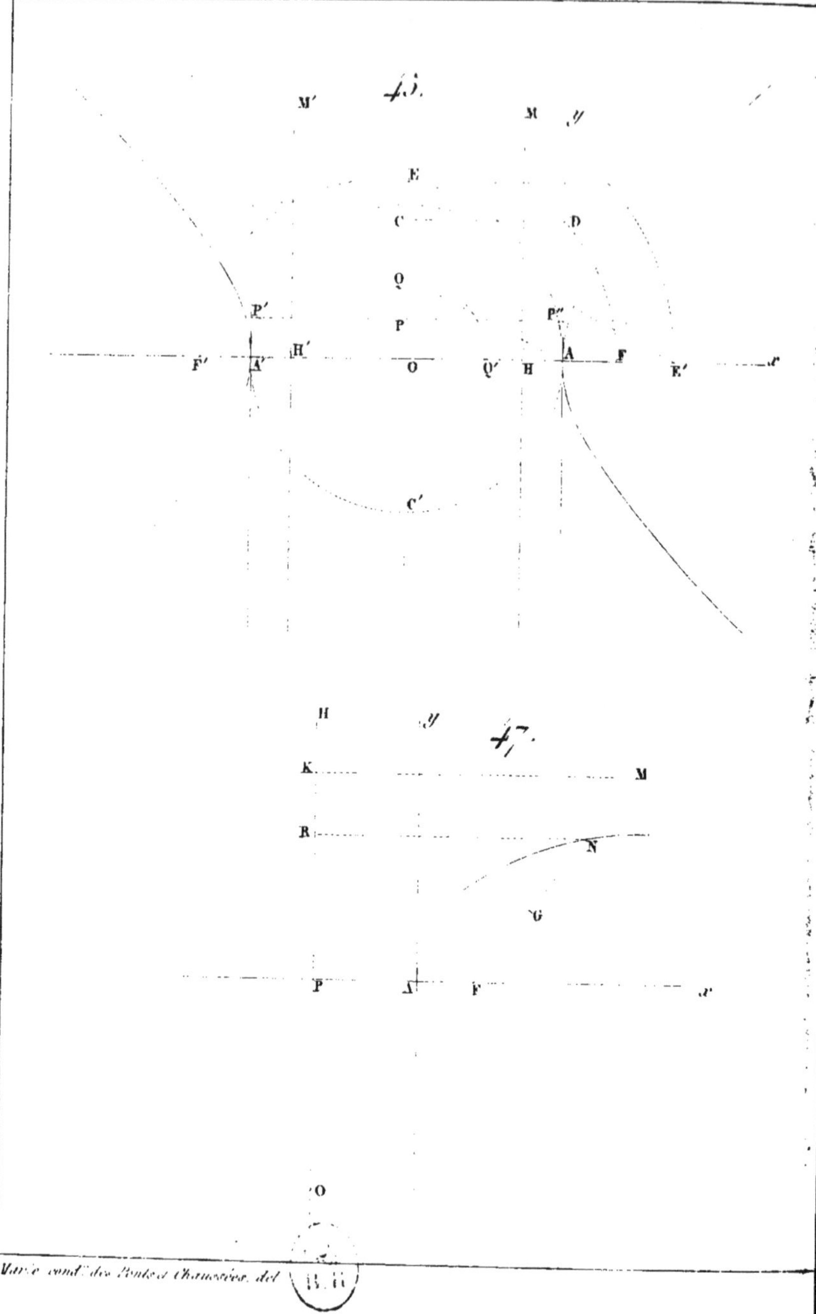


Marie cond.r des Ponts et Chaussées, del.

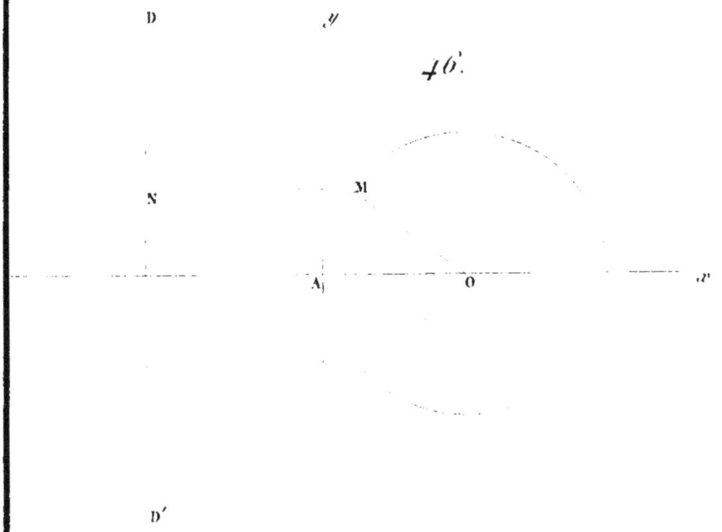

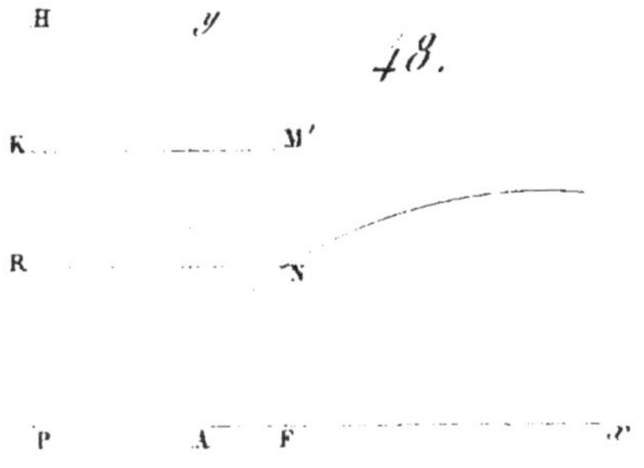

D y

46.

N M

A O x

D′

H y

48.

K M′

R N

P A F x

Lemaitre sc.

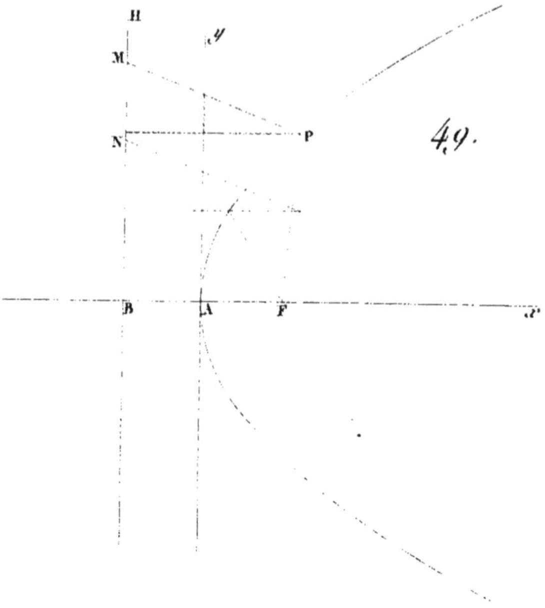

Marie cond[r] des Ponts et Chaussées del

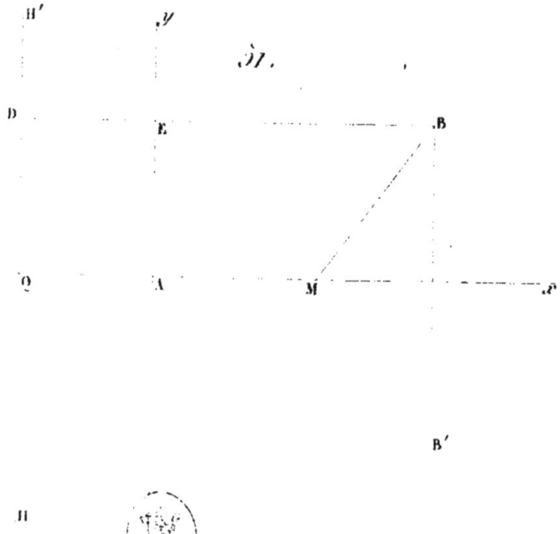

Lemaître sc.

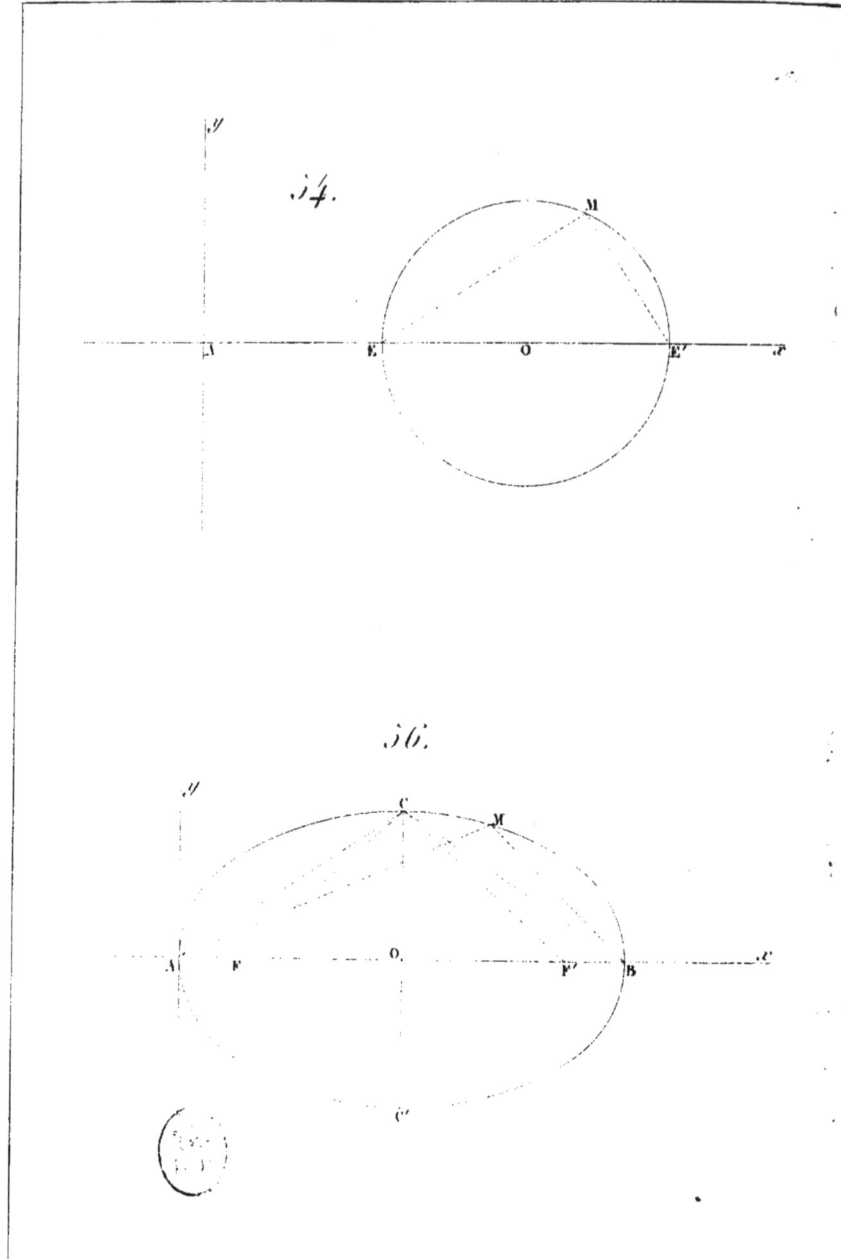


Marie cond.r des Ponts et Chaussées del.

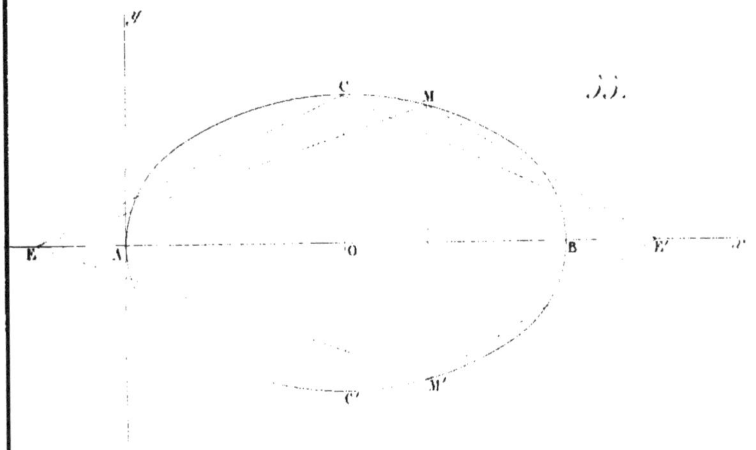

Pl. 15.

55.

57.

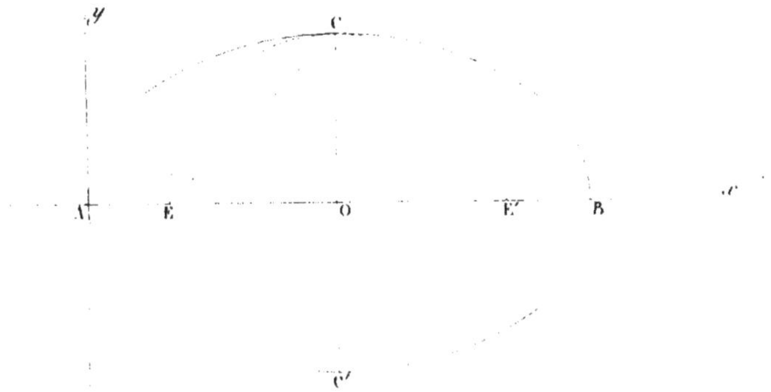

Lemaître sc.

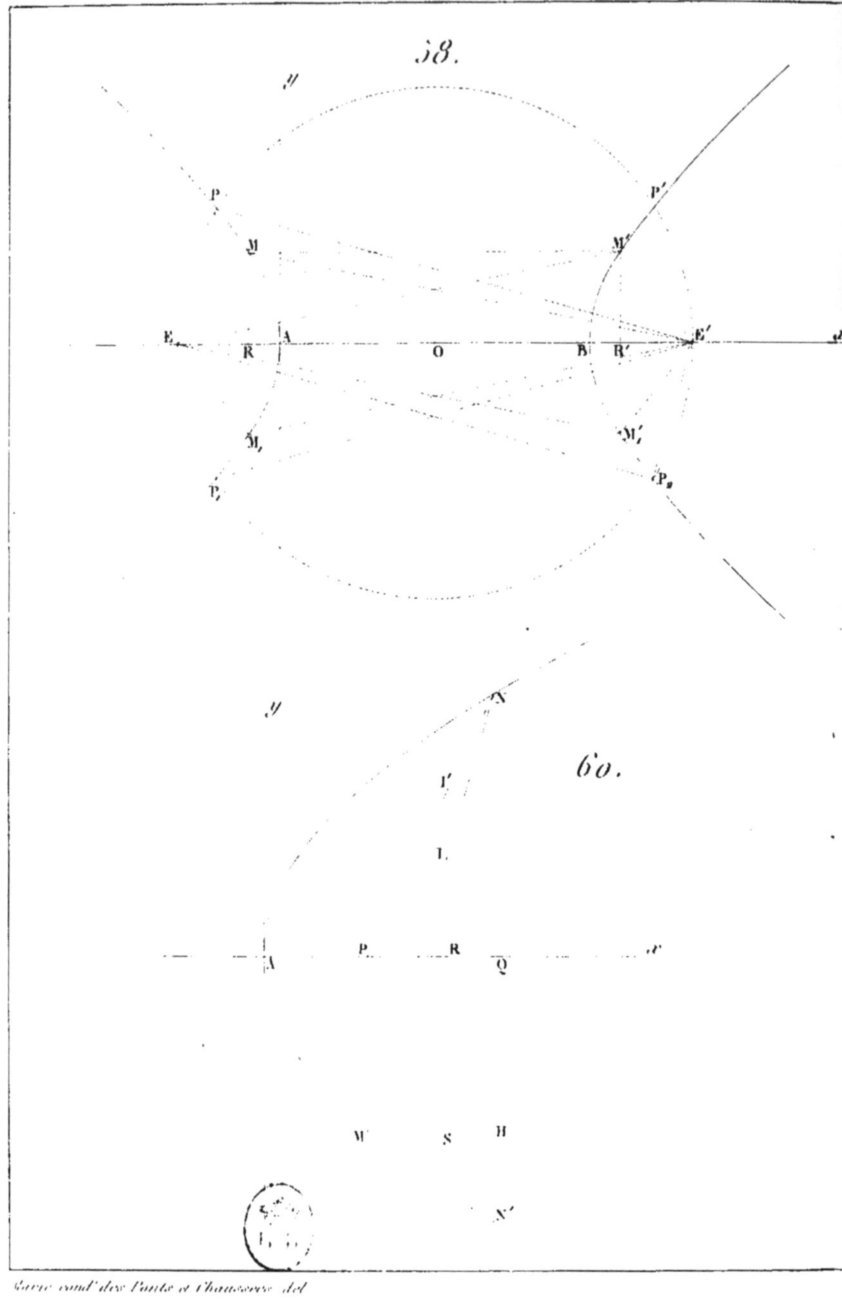


Garie cond.r des Ponts et Chaussées del.

Pl. 14.

59.

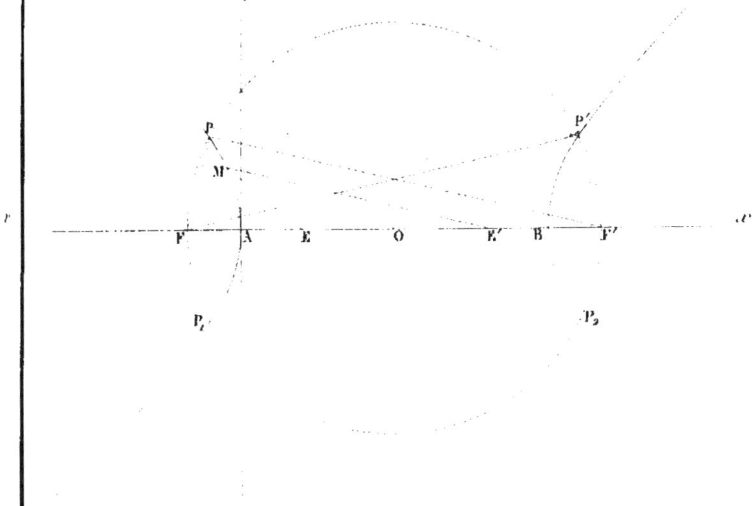

61.

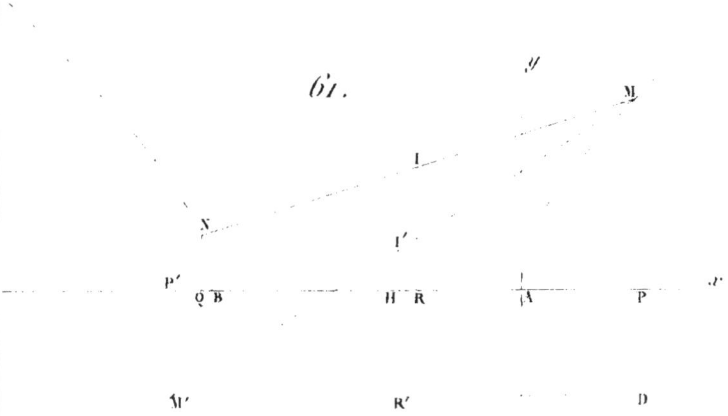

Lemaitre sc.

*62.*

D M B y P Q′ C A O N x P′ Q

*64.*

C y E K D A M N′ N N″ B

*63.*

Y y T C M A B A O N′ x T′ D N



*[illegible] des Ponts et Chaussées del.*

63.

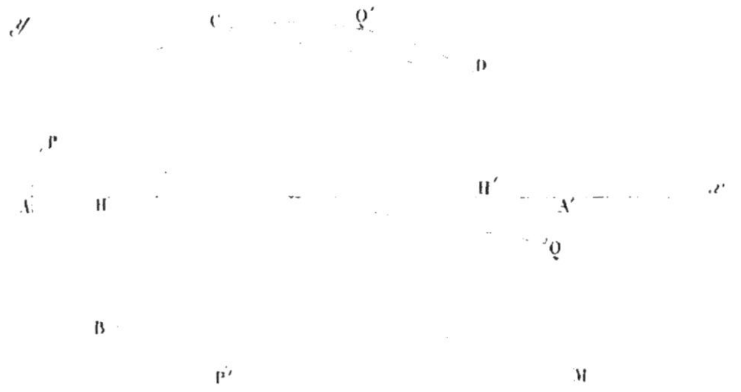

y C Q′ D

P

A H H′ A′ x

Q

B

P′ M

64.bis

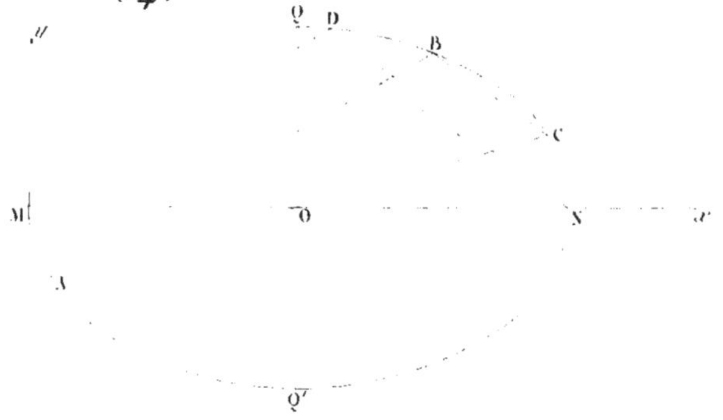

y Q D B

C

M O N x

A

Q′

y

66.

D N D,

M A P x

D′, Q D′

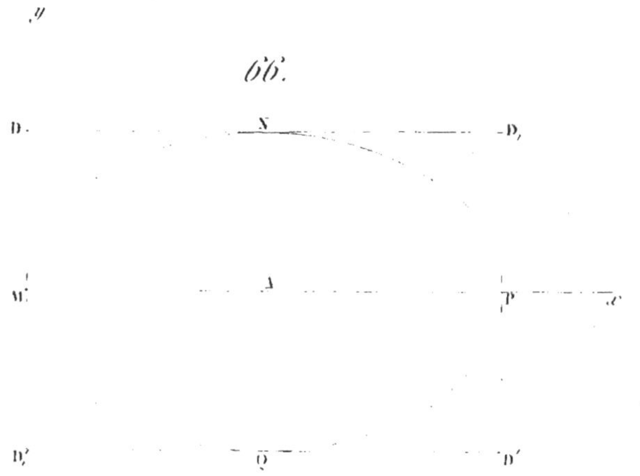

Lemaitre sc.

67.

y N C' H α' α M O A P x D H' C Q

69.

p m''' p' m'' p'' m' p''' m A F O F' A'

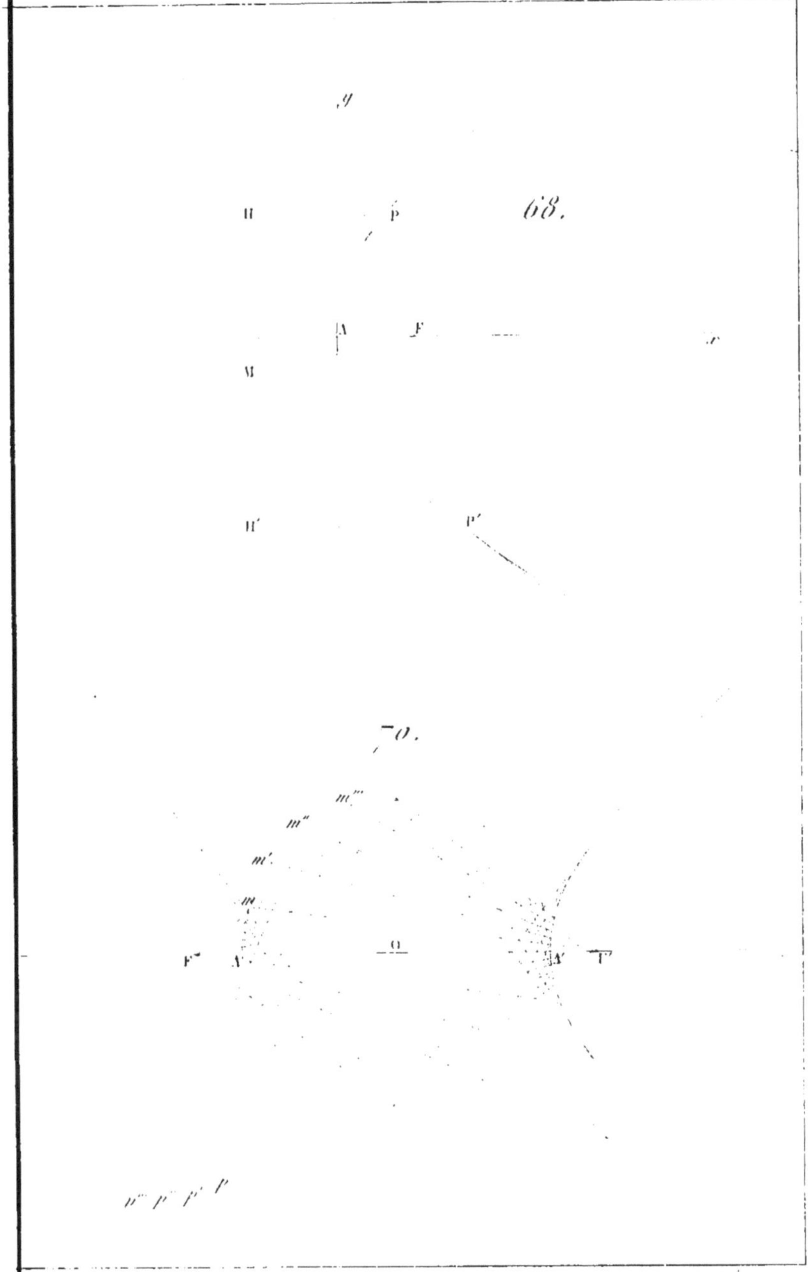

68.

70.

Lemaître sc.

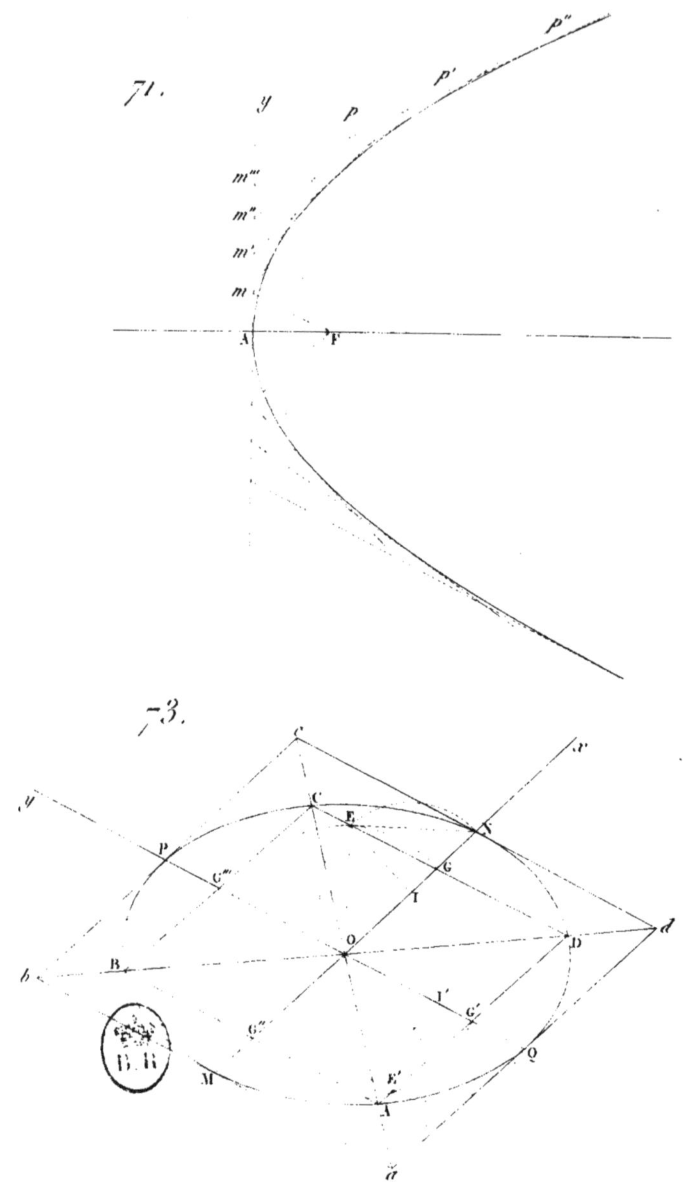


Mars... Ingr des Ponts et Chaussées del

72.

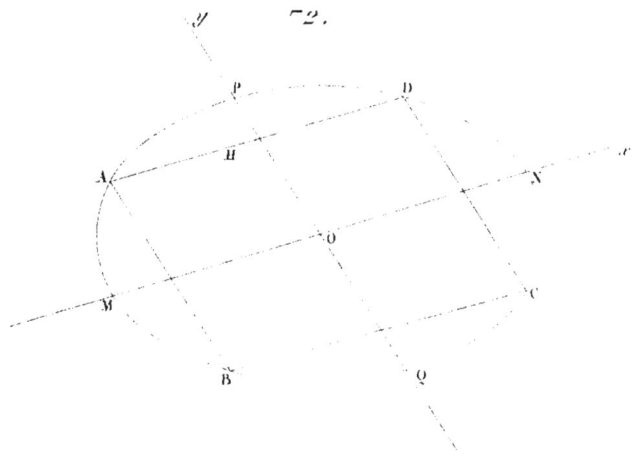


74.

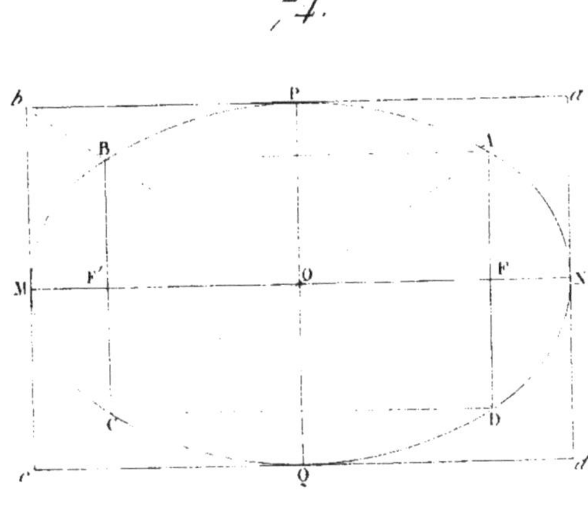

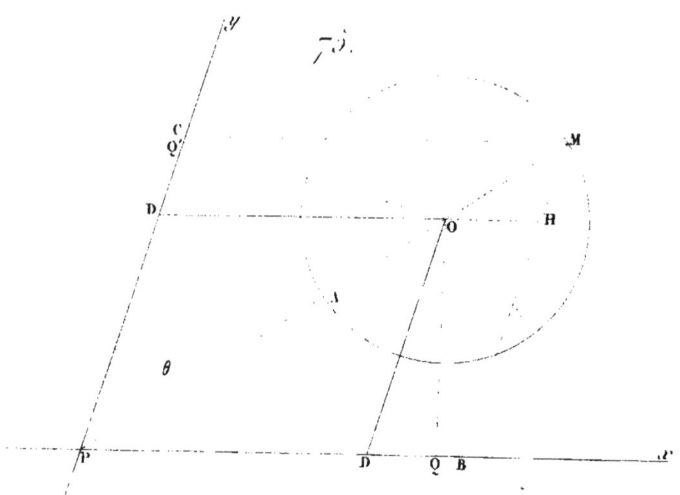


76.

77.

y
a
A
θ
b
O
x



Marie cond.r des Ponts et Chaussées.

76.

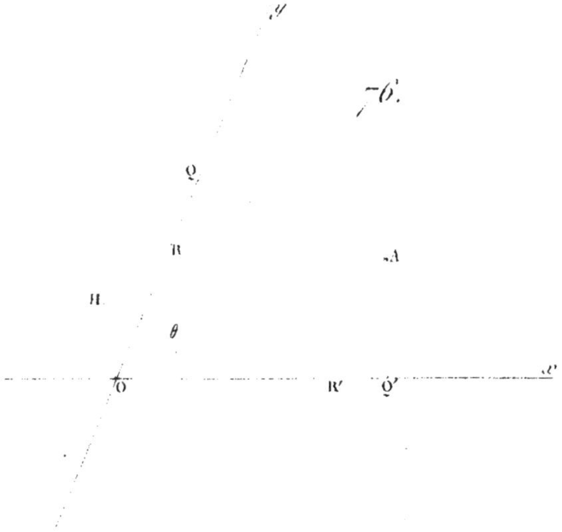

77.bis



Lemaître sc.

Marie cond.r des Ponts et Chaussées del.

Pl. 19.

y

78.bis

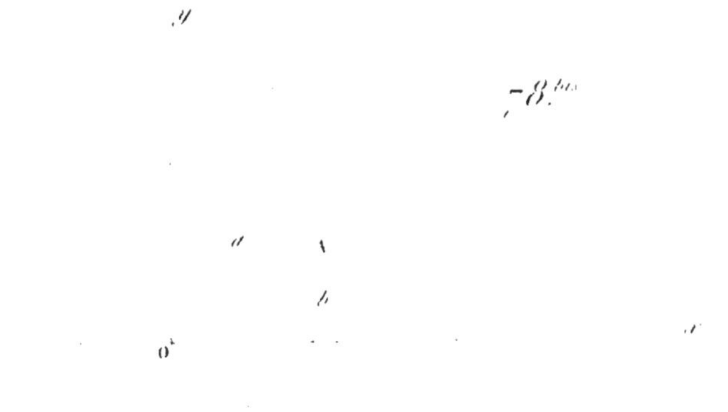

a A

b

O x

y

79.bis

O a A x

y

80.bis A

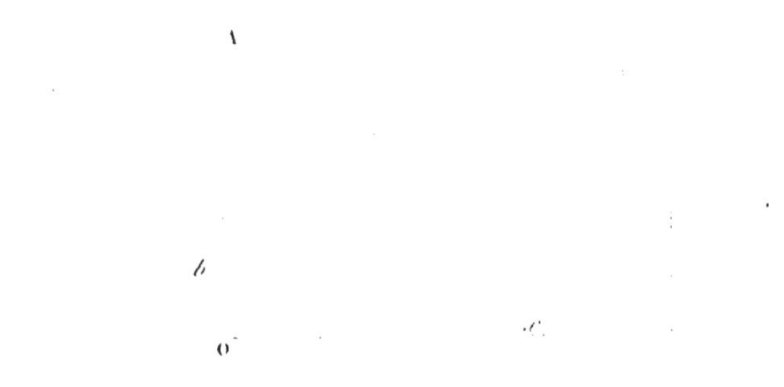

b

O x

Lemaître sc.

81.

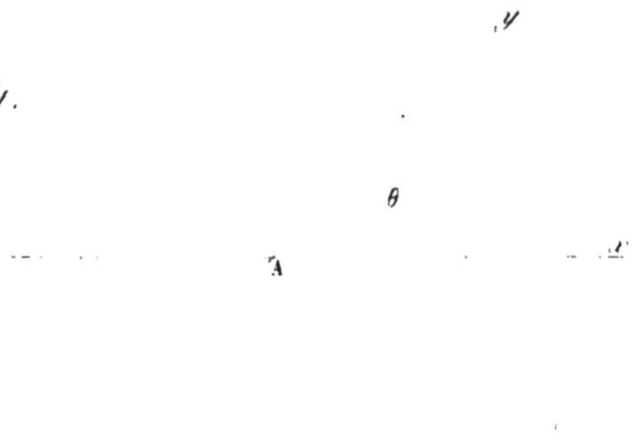

y

θ

A

x

82.

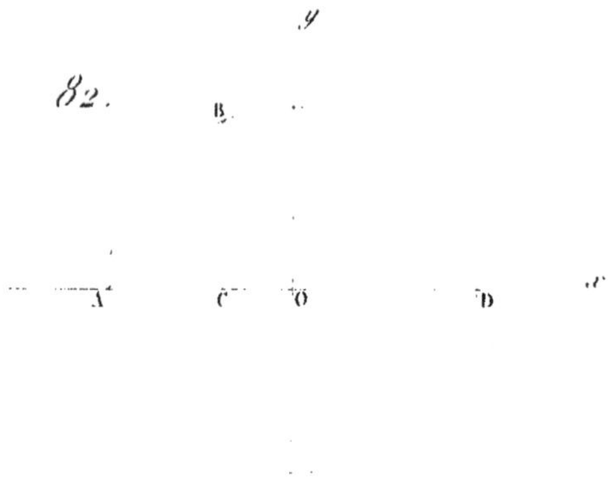

y

B

A

C

O

D

x

84.

y

M

M'

A

C

O

B

x

N

N'



[illegible] des Ponts et Chaussées del.

81.bis

y

O

x

y

83.

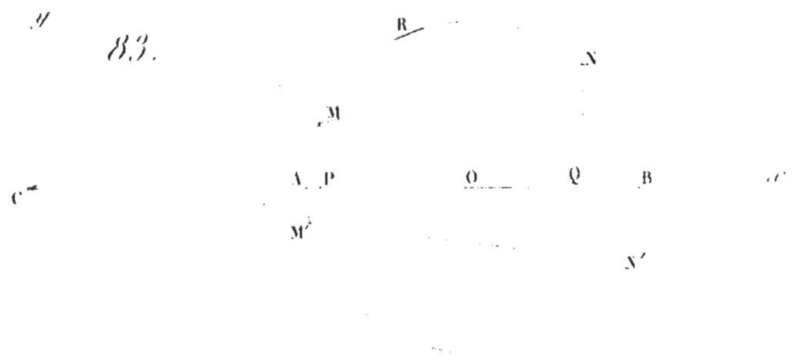

R

N

M

C

A P

O

Q

B

x

M'

N'

H

85.

y

M

A

N

Q

O

P

x

B

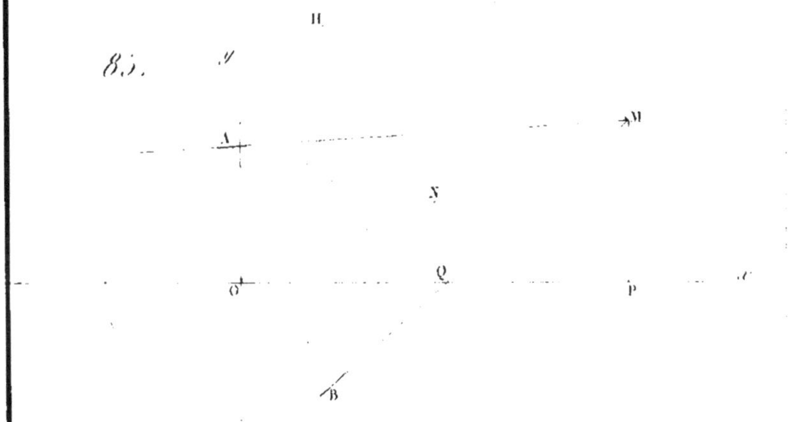

Lemaitre sc.

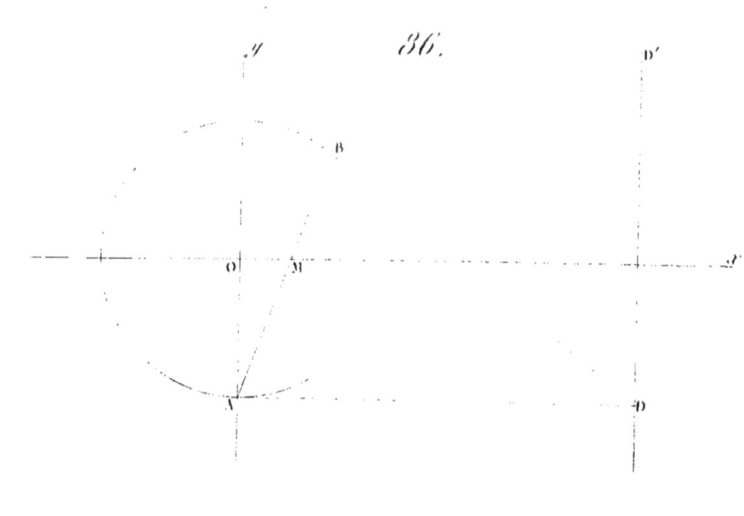
86.
y
D'
B
O
M
x
A
D

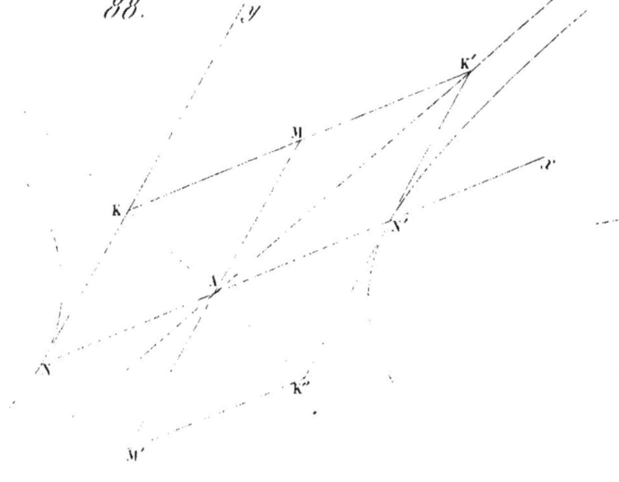
88.
y
K'
M
x
K
N'
A
N
K''
M'

87.

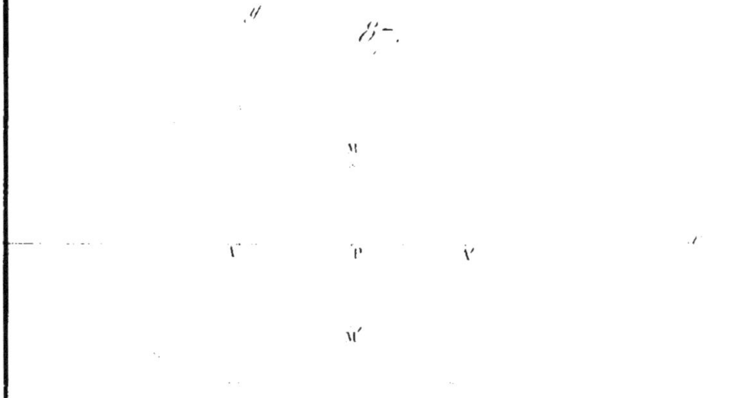


89.

Lemaître sc.

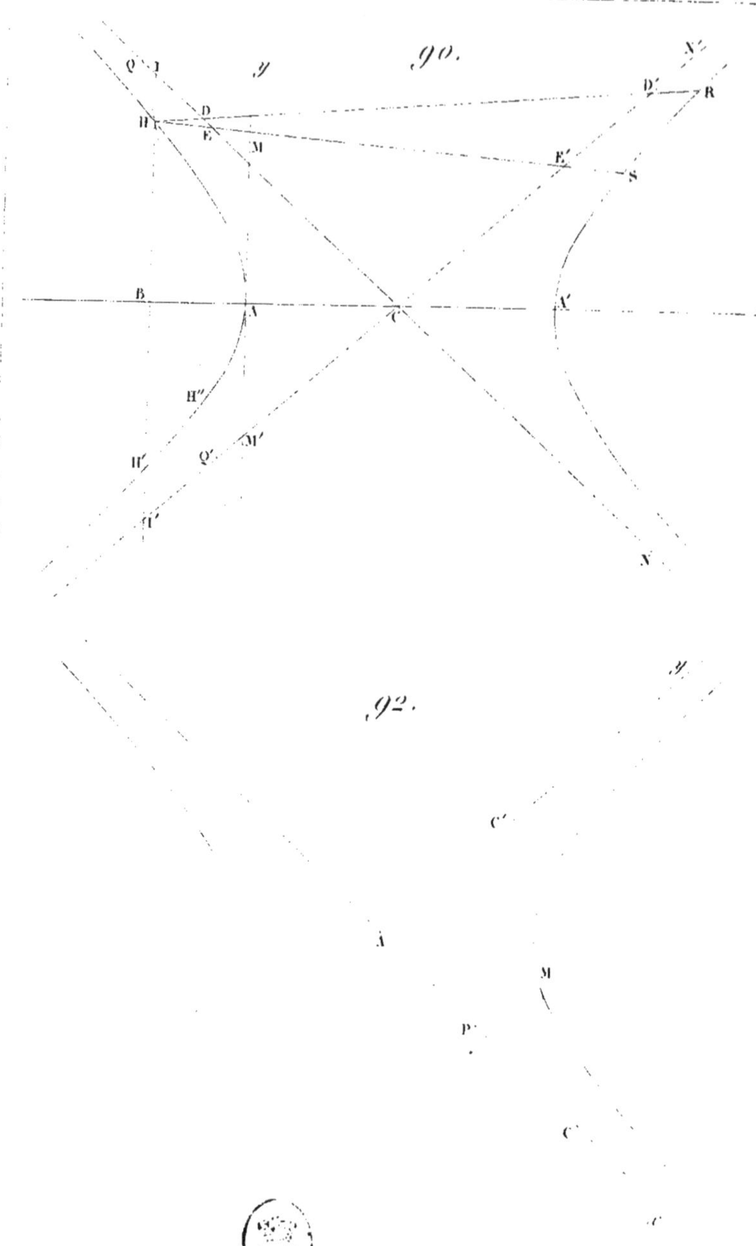
90.
y
Q
I
D
H
E
M
N'
D'
R
E'
S
B
A
C
A'
x
H''
H'
Q'
M'
I'
N
92.
y
C'
A
M
P
C
x

91.

93.

94.

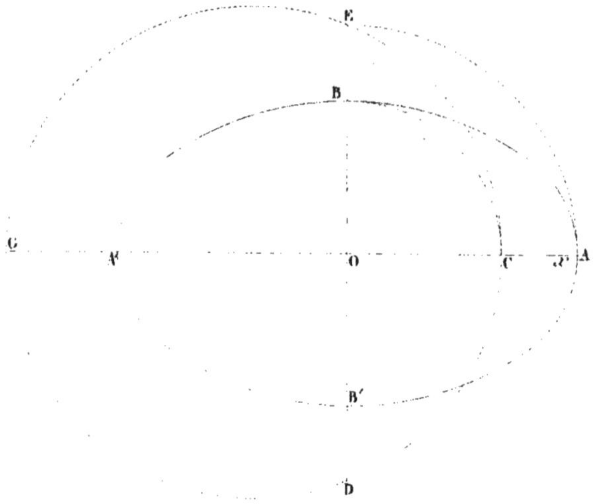

E

B

G A' O C x' A

B'

D

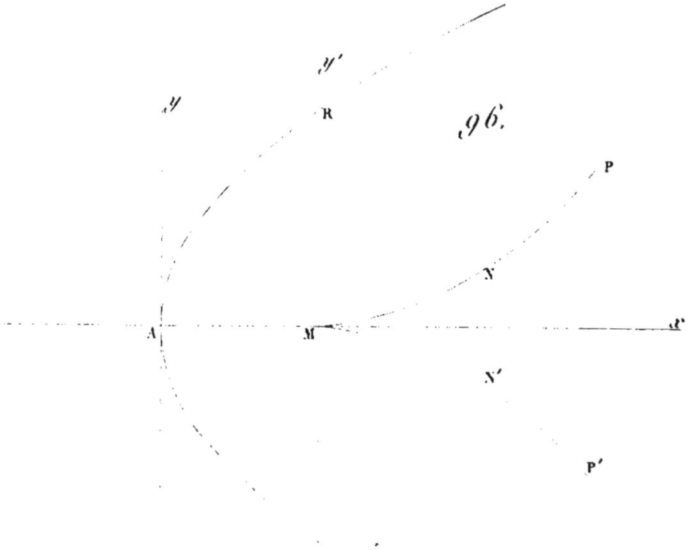

y' y R

96.

P

N

A M x

N'

P'



Varé, é.ad.r des Ponts et Chaussées del.

95.

B

y

A' C O x A

97.

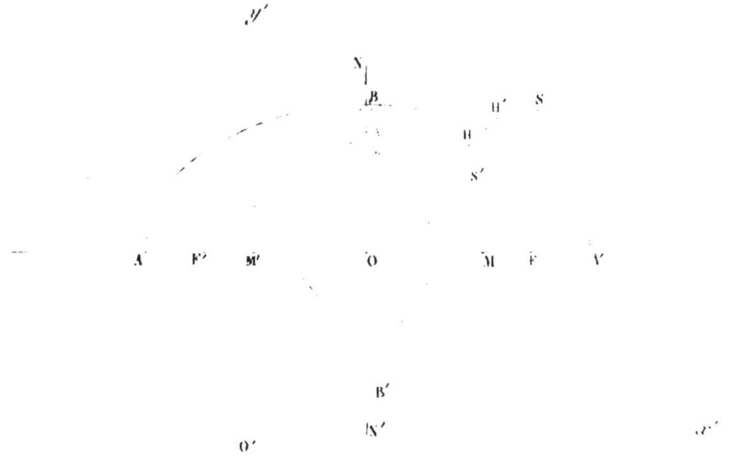

y'

N

B

H' S

H

S'

A' F' M' O M F A'

B'

N'

O' x'

Lemaître sc.

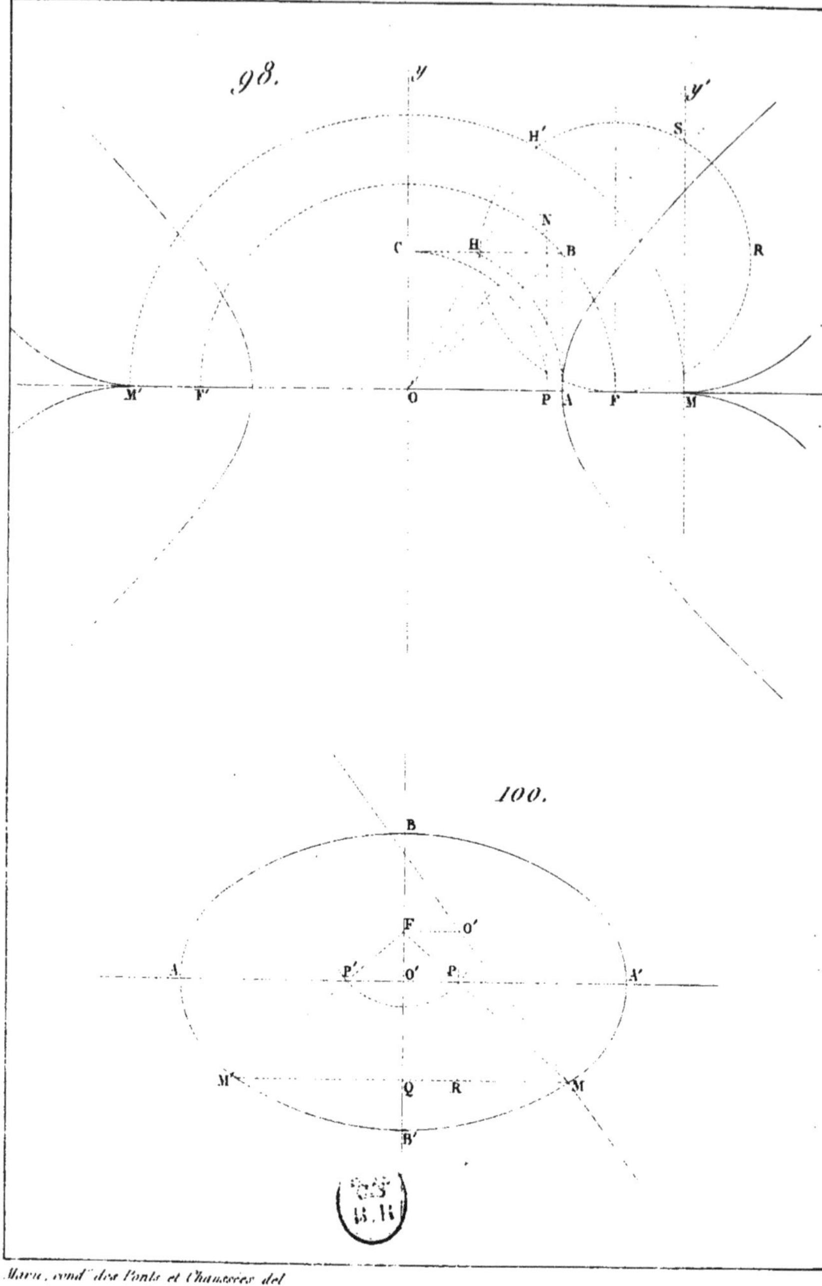


Maru, cond^r des Ponts et Chaussées del

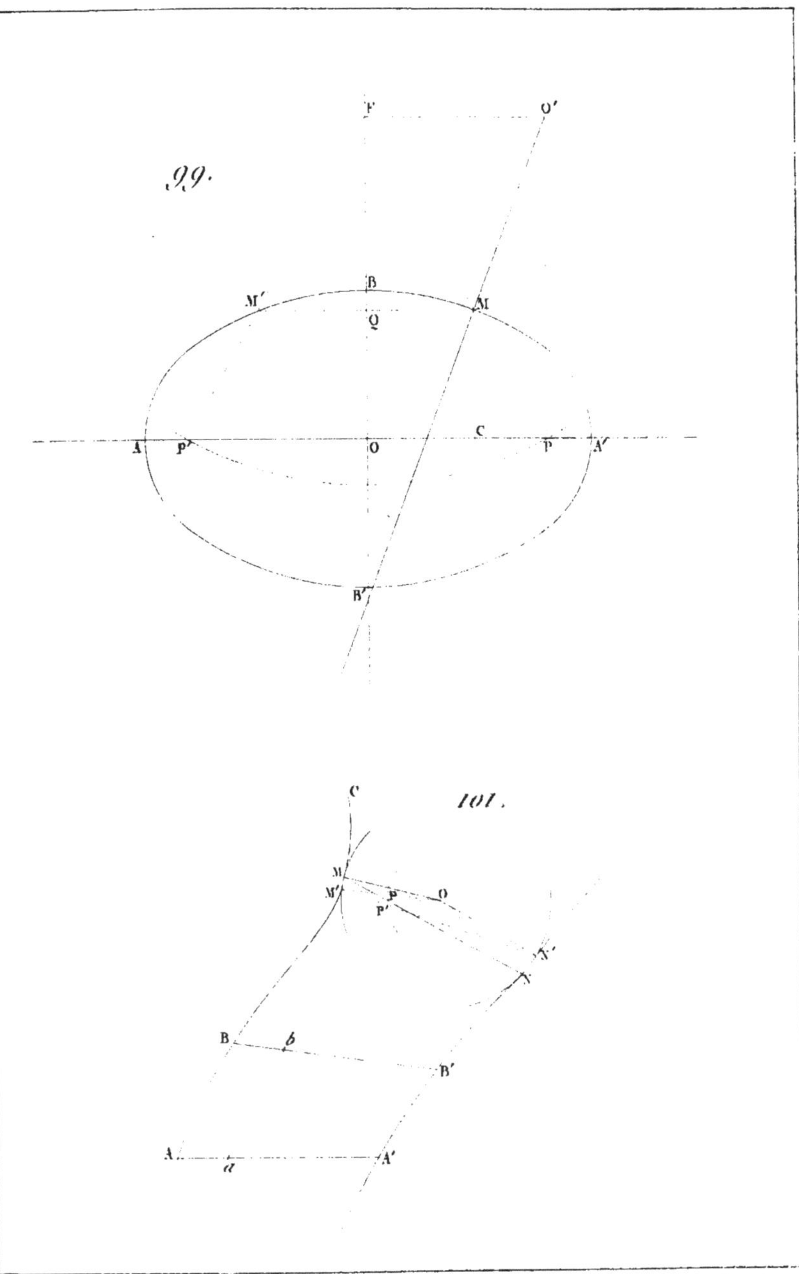
99.
F
O'
B
M'
M
Q
A
P'
O
C
P
A'
B'
101.
C
M
M'
P
O
P'
N'
N
B
b
B'
A
a
A'

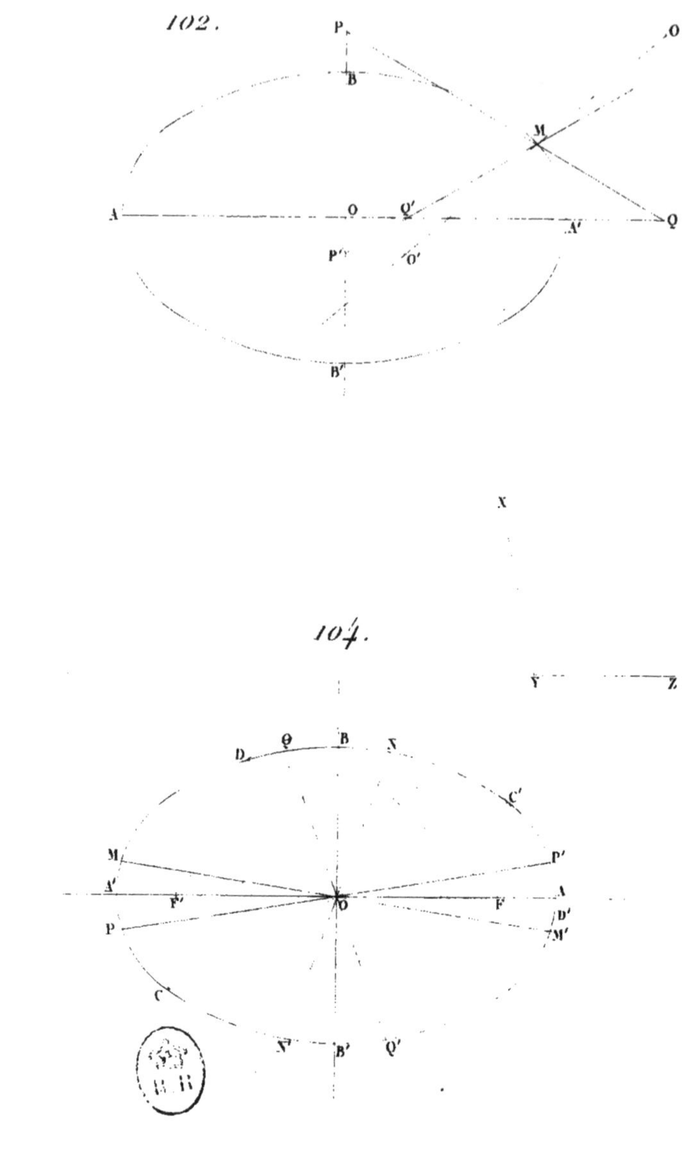


Marie, cond^r des Ponts et Chaussées del.

103.

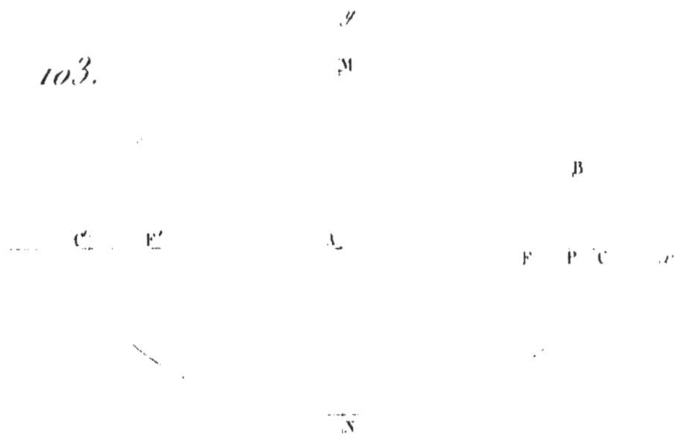

y
M
B
C' E' A F P C x
N

105.

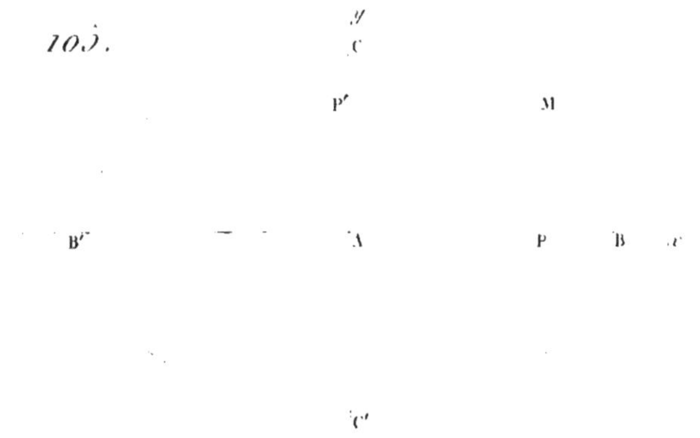

y
C
P' M
B' A P B x
C'

106.

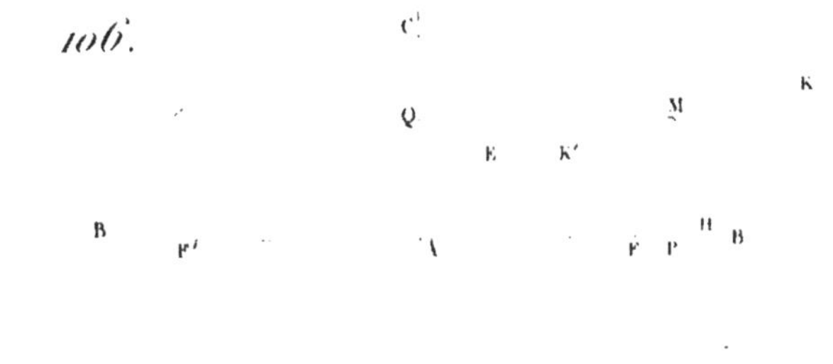

C'
K
Q M
E K'
B F' A F P H B

107.

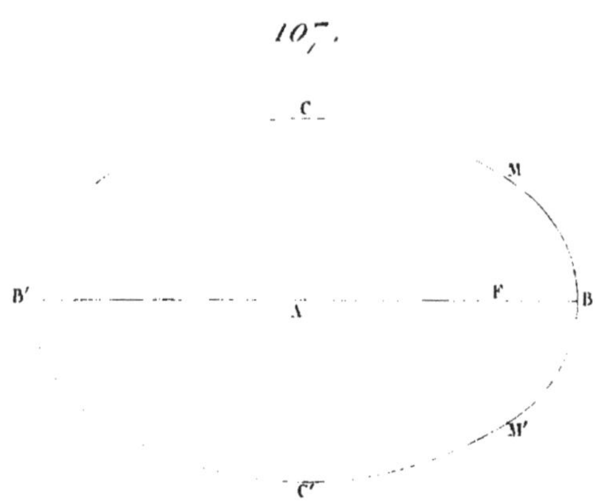


109.

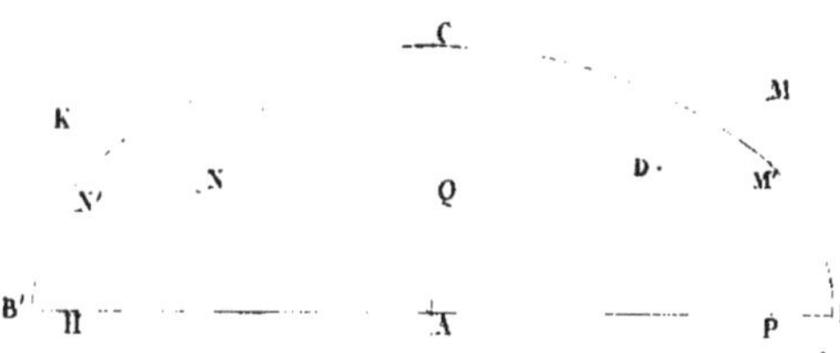


Marre cond.r des Ponts et Chaussées del.

108.

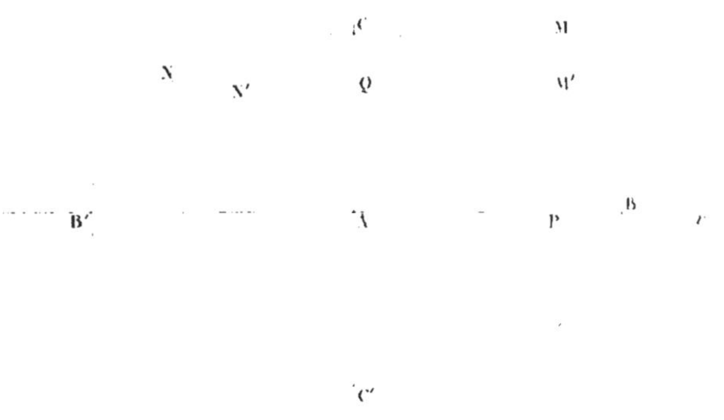

C M
N N' Q M'
B' A P B
C'

110.

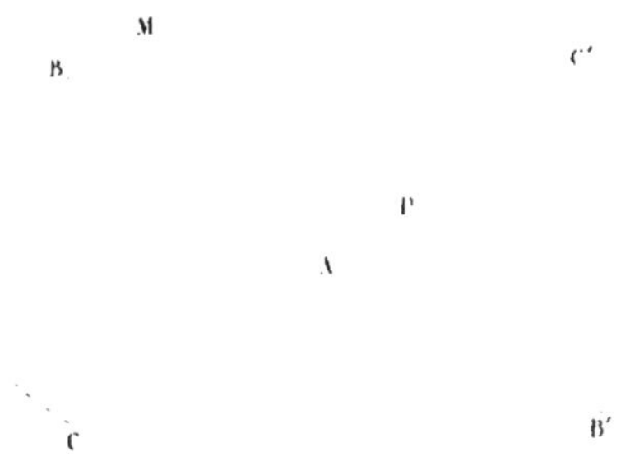

M
B C'
P
A
C B'

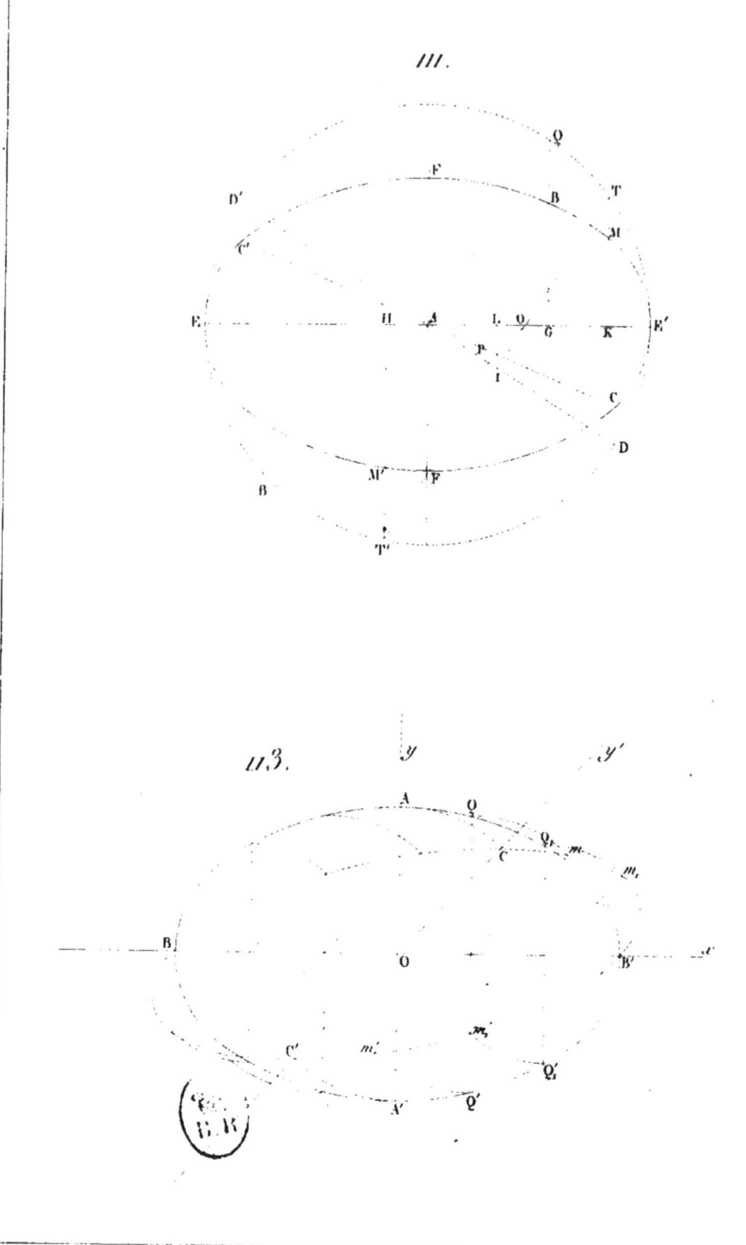




Marie cond.r des Ponts et Chaussées del.

*112.*

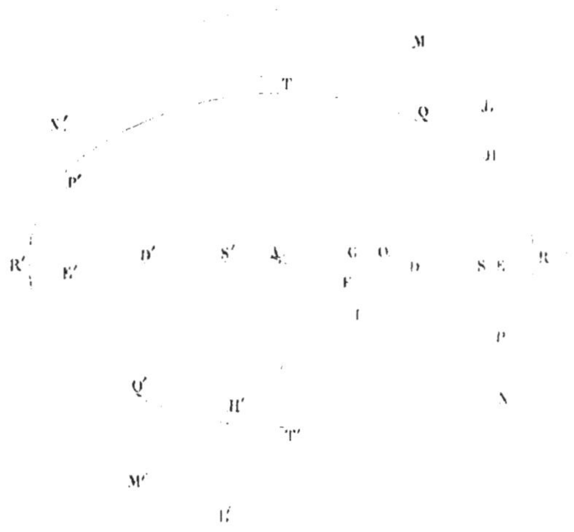

*114.*

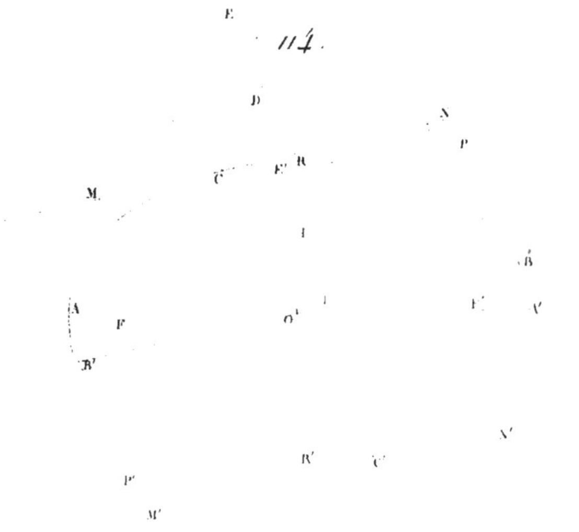

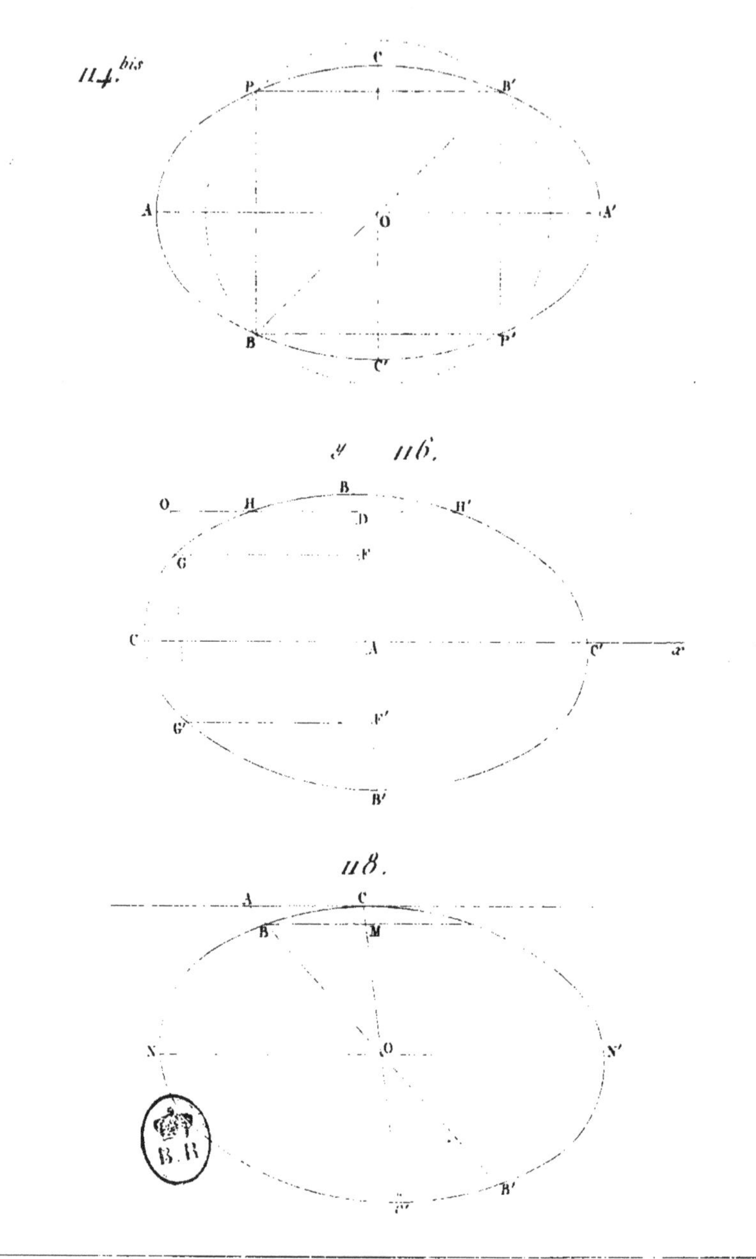




Marie cond.r des Ponts et Chaussées del.

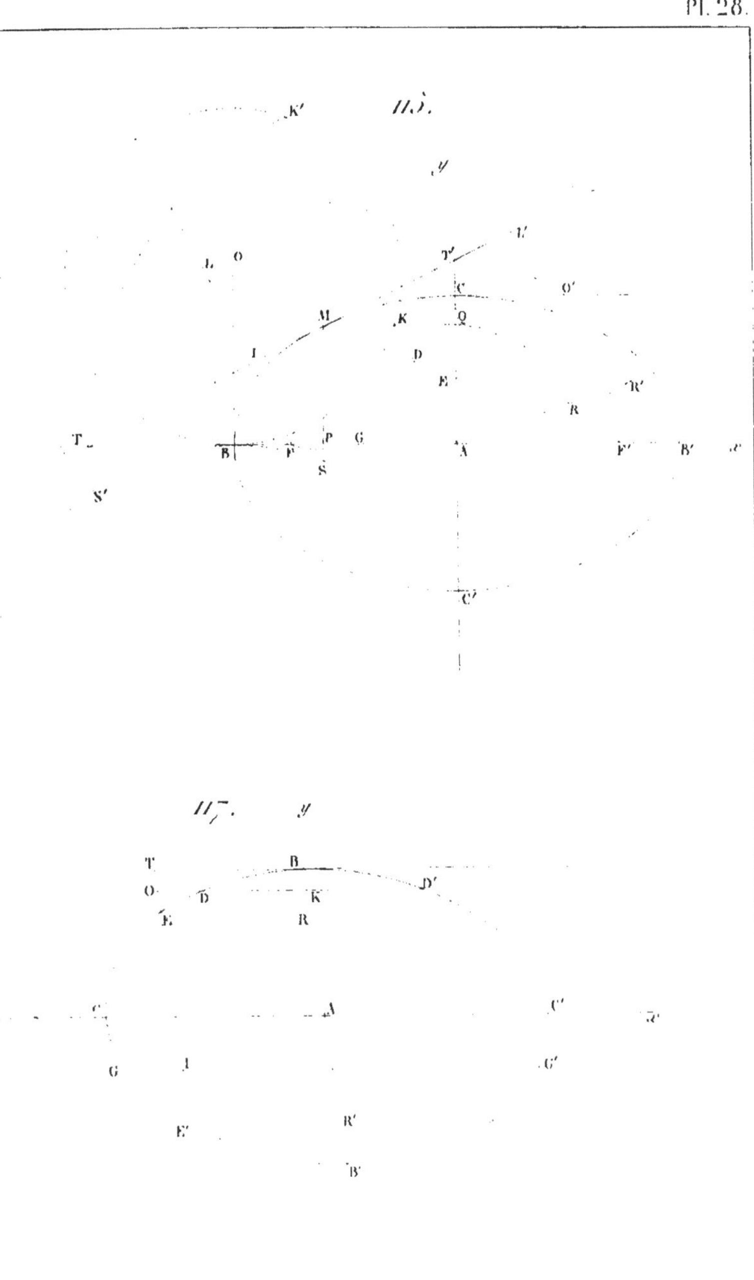


115.
y
K'
L
O
T'
L'
C
O'
M
K
Q
I
D
E
R'
R
T
P
G
B
F
A
F'
B'
S
S'
C'
117.
y
T
B
O
D
K
D'
E
R
C
A
C'
G
I
G'
E'
R'
B'

Lemaître sc.

119.

121.

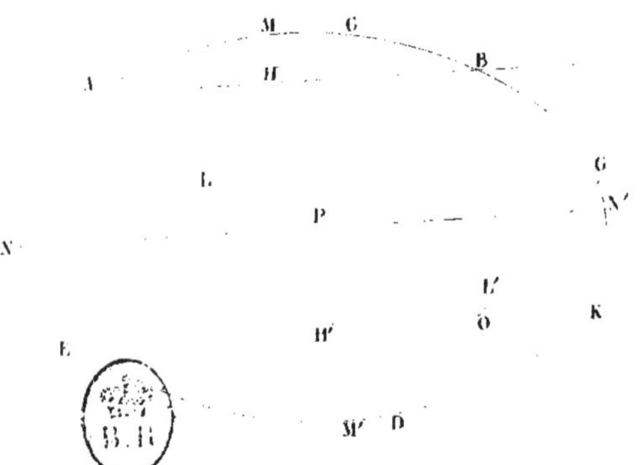

120.

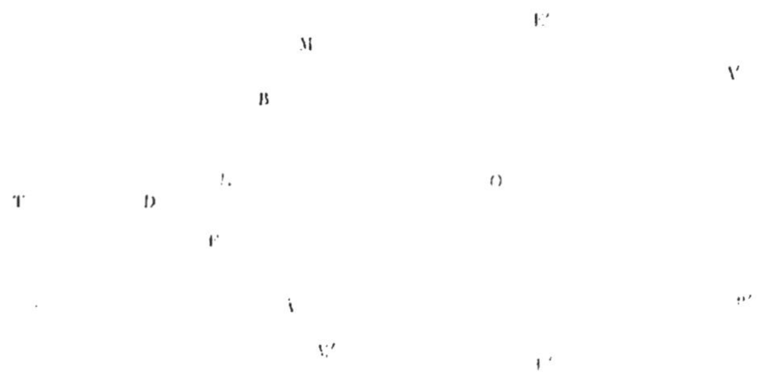

122.

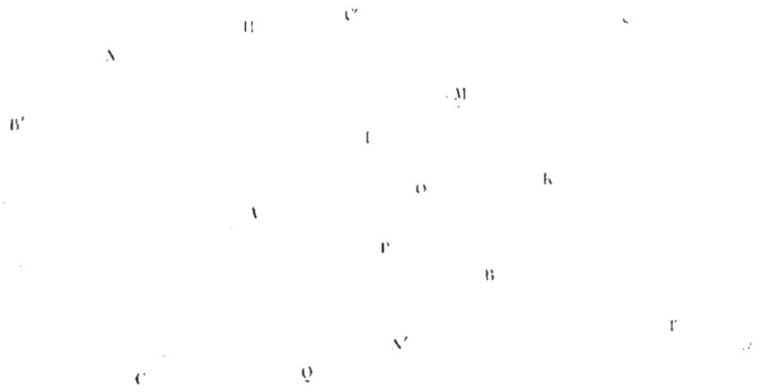

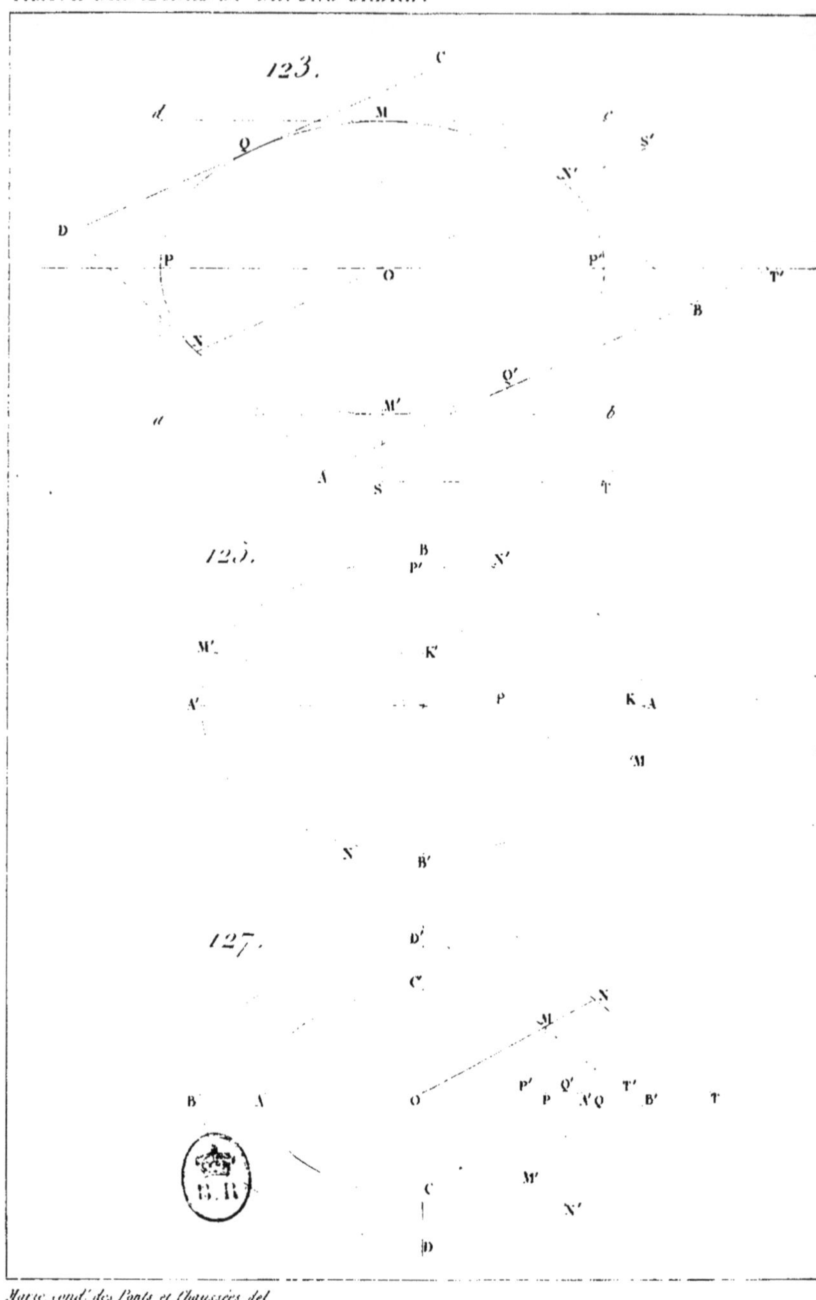




Marie, cond.r des Ponts et Chaussées del.

124.

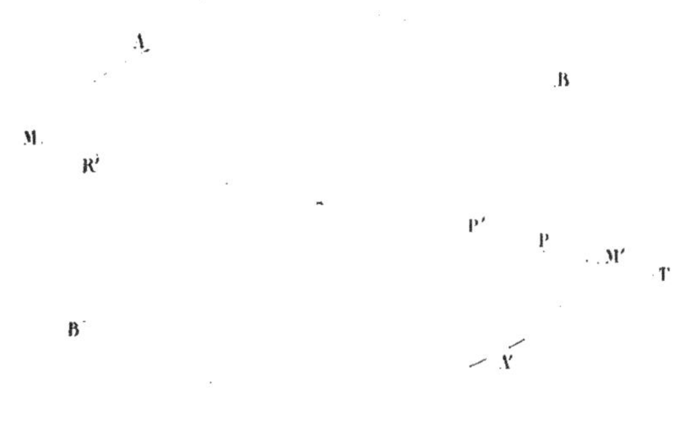

A
B
M
R'
P'
P
M'
T
B'
N'

126.

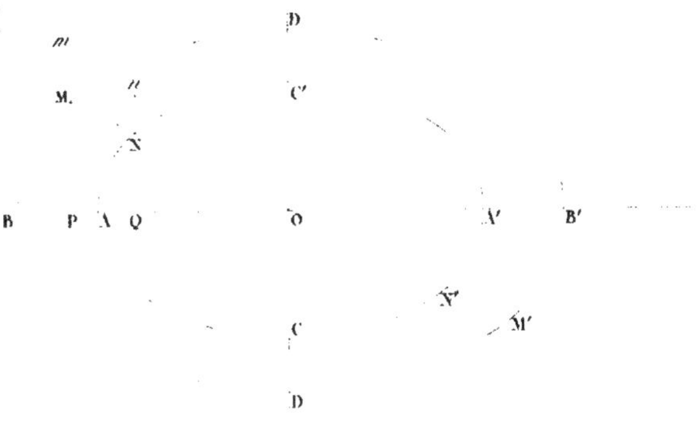

D
m
M
n
C'
N
B P A Q
O
A'
B'
N'
M'
C
D

Q
D'
P
q
C'
p

128.

B
A
O
A'
B'
m
C
n
M
D
N

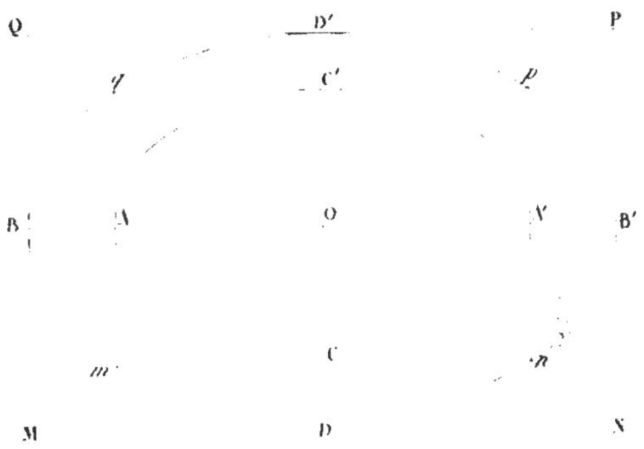

Lemaitre sc.

Marie cond^r des Ponts et Chaussées del.

132. 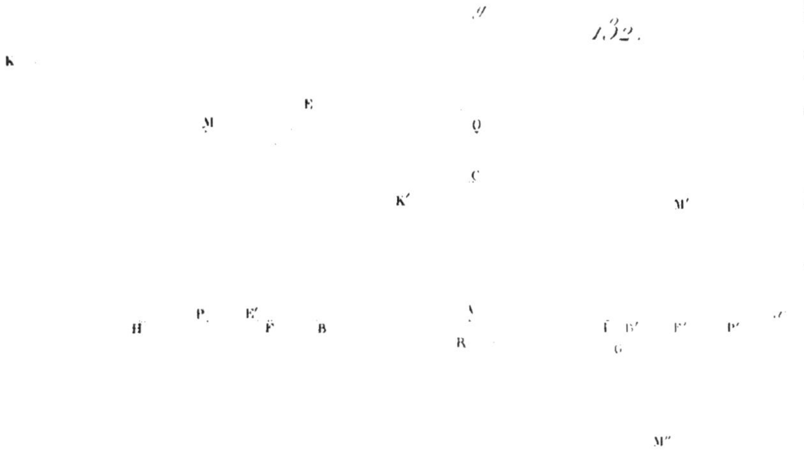
g
K
E
M
Q
C
K′
M′
H
P
E′
F
B
A
R
I
B′
G
F′
P′
M″
133.
S
P
R′
S
R
Q
C
D
B′
A
B
M
C′
Q′
P′
S

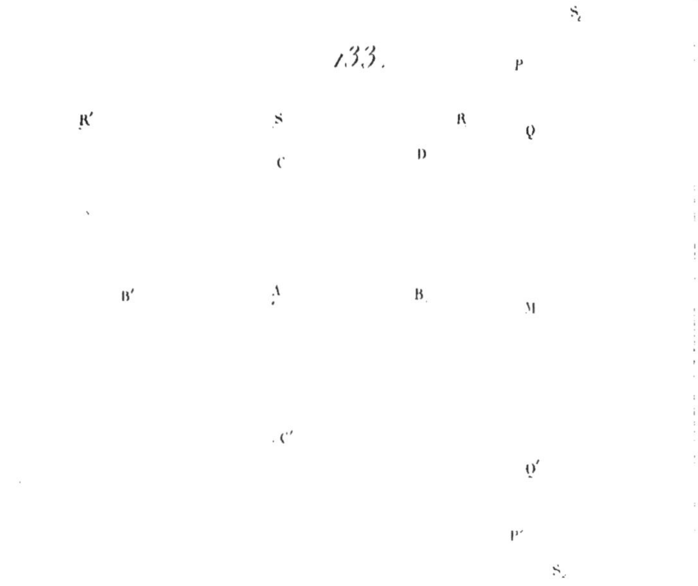

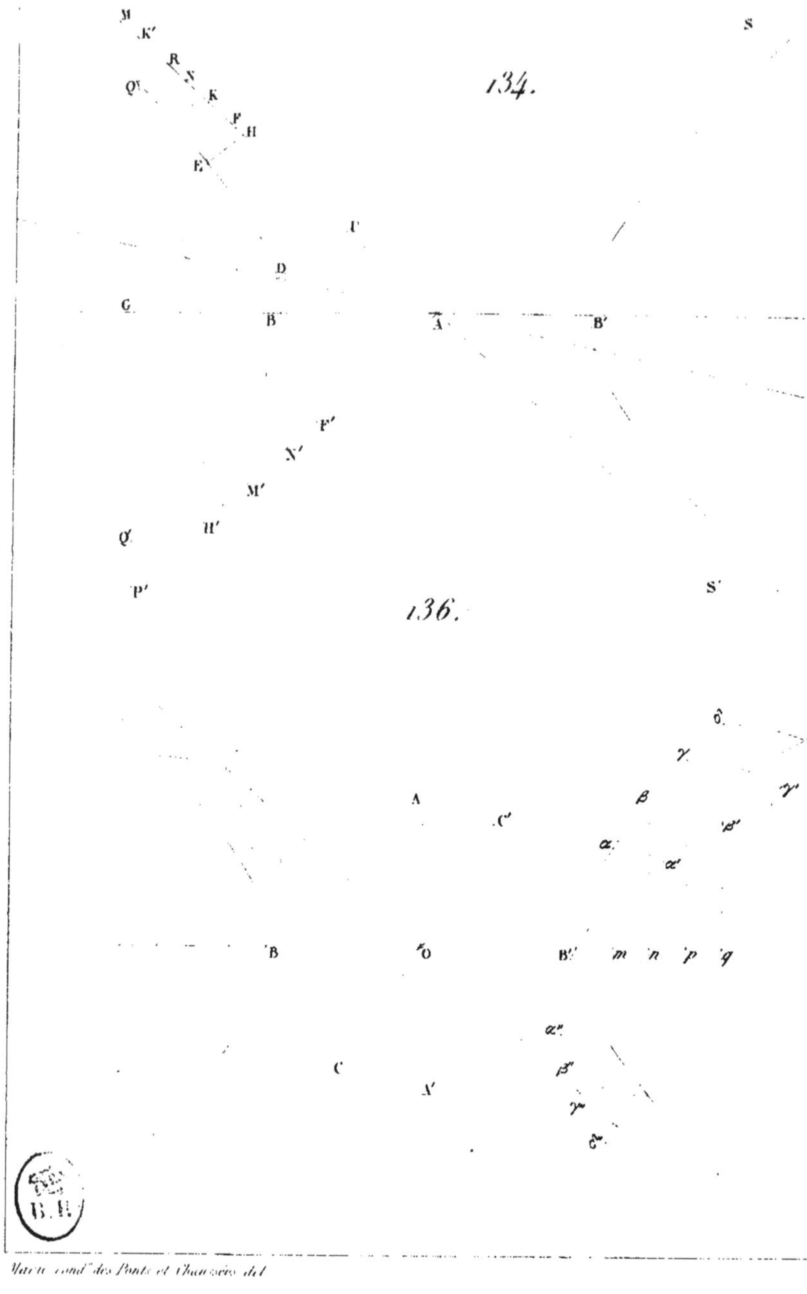


Marie cond[r] des Ponts et Chaussées del.

Lemaître sc.

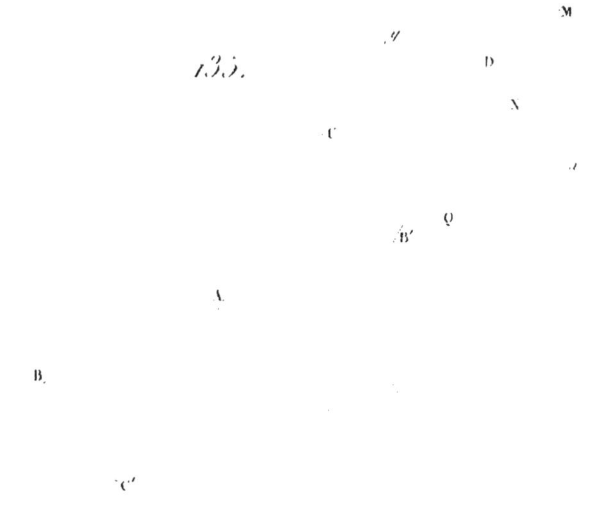

Narie cond^r des Ponts et Chaussées del.

Pl. 33.

139.

140.bis

L. maitre sc.

141.

143.

Marie, cond.r des Ponts et Chaussées del.

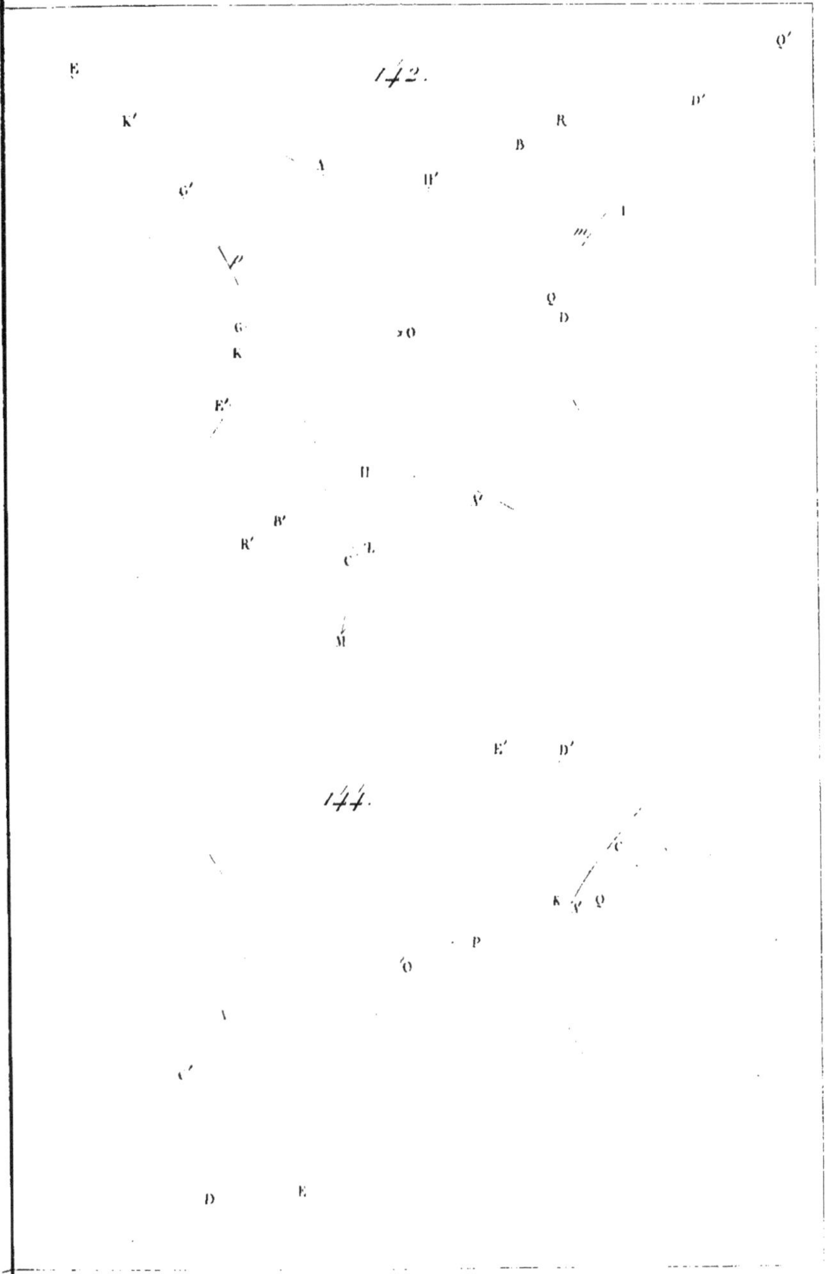

142.

E K′ A B′ R B D′ Q′ G′ I m p Q D G O K E′ H N′ B′ R′ C L M

144.

E′ D′ C K N′ Q P O A C′ D E

Lemaître sc.

146.

147.



Marre, cond.r des Ponts et Chaussées del.

146.

148.

Lemaître sc.

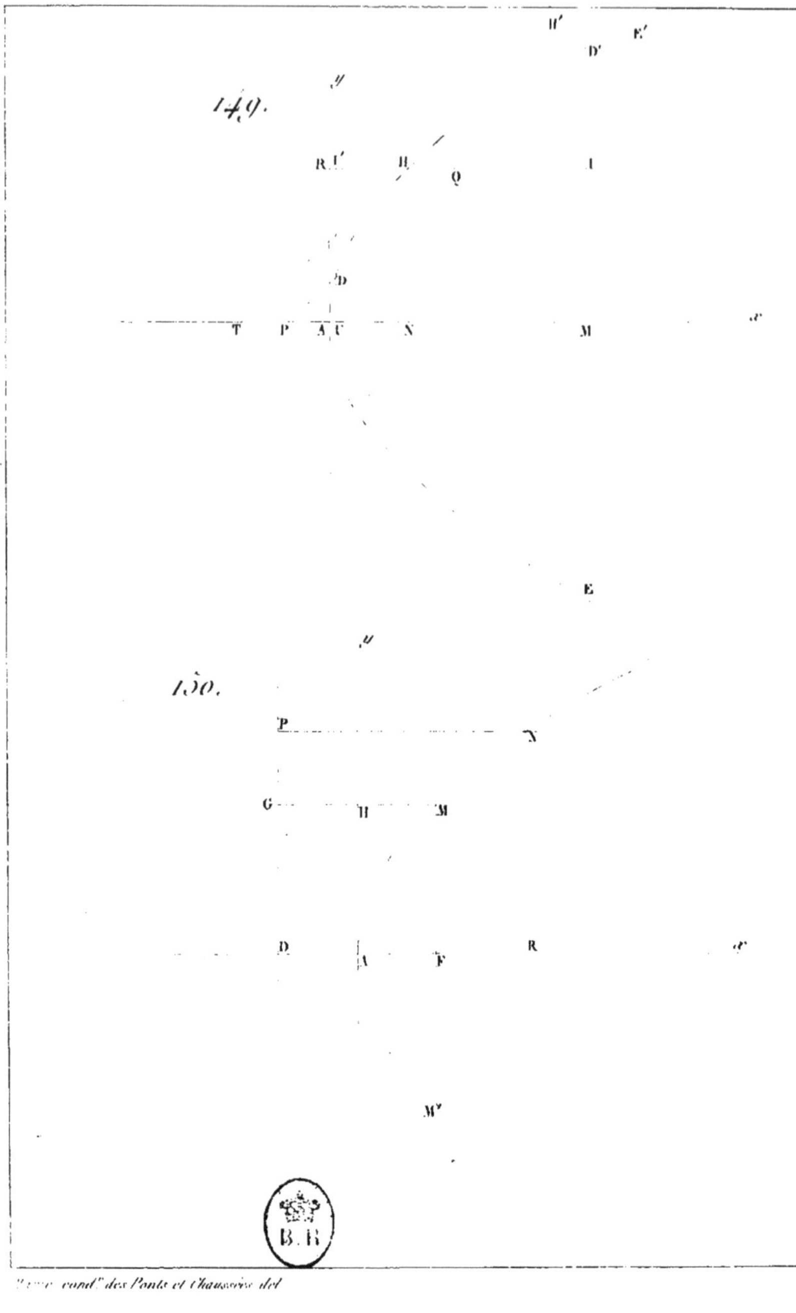




... cond.r des Ponts et Chaussées del.

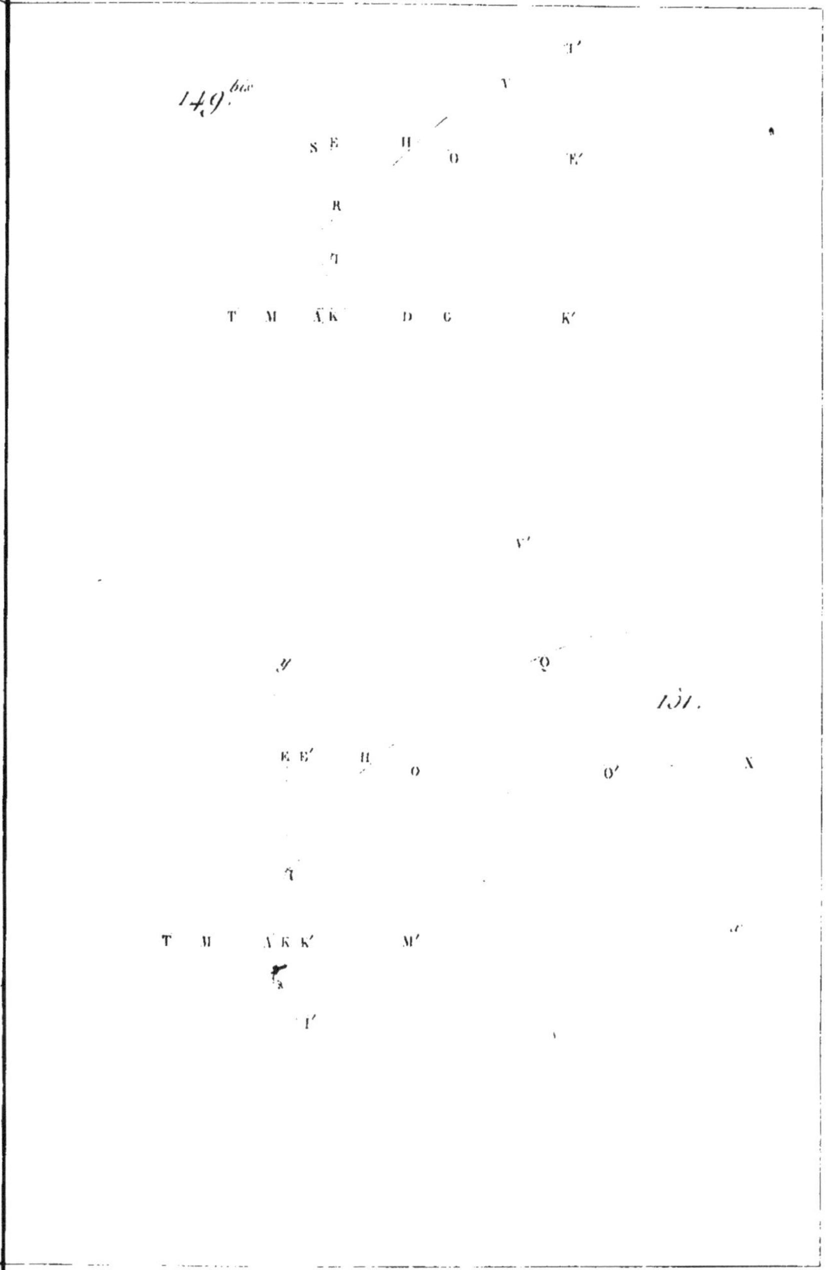

Pl. 36.

149.bis

T' V S E H O E' R T T M A K D G K' V'

151.

Q E E' H O O' X T M A K K' M' I'

Lemaître sc.

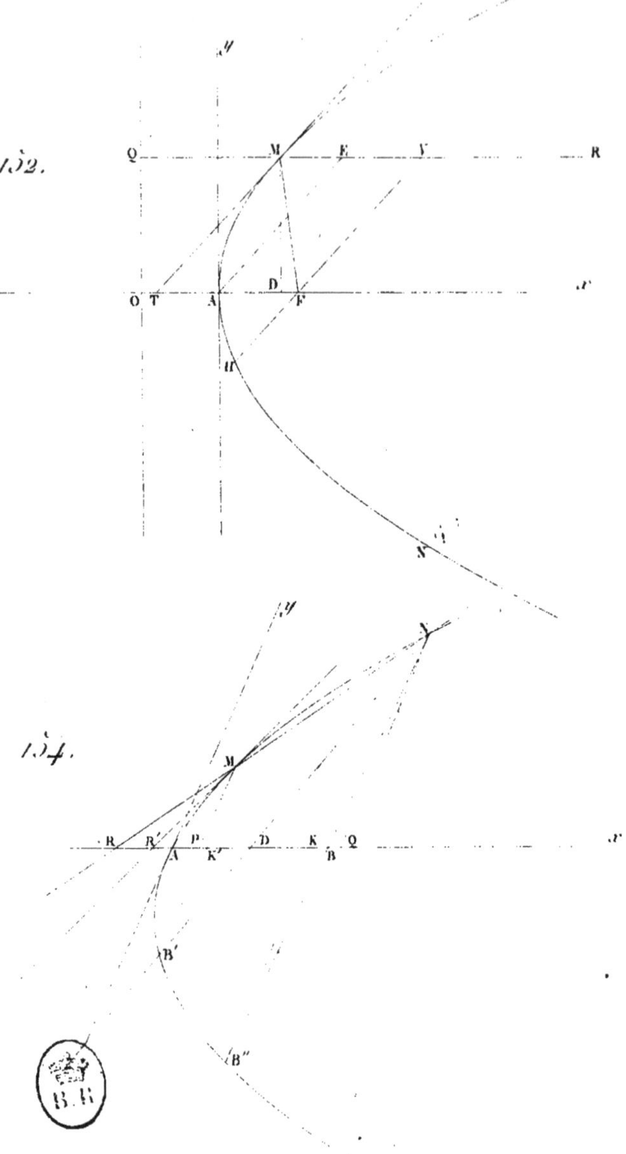




... cont. des Ponts et Chaussées del.

153.

155.

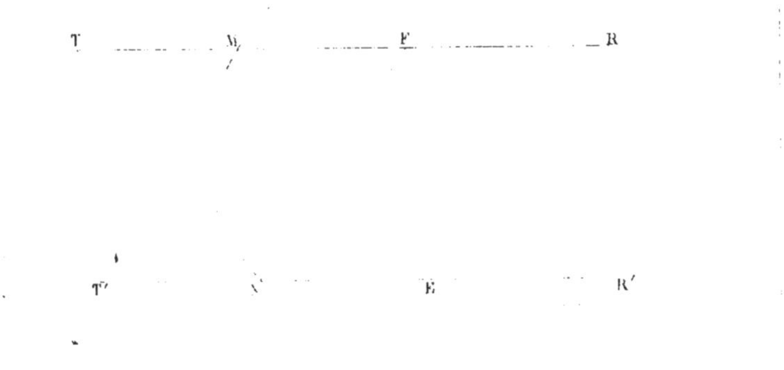

T F R

E R'

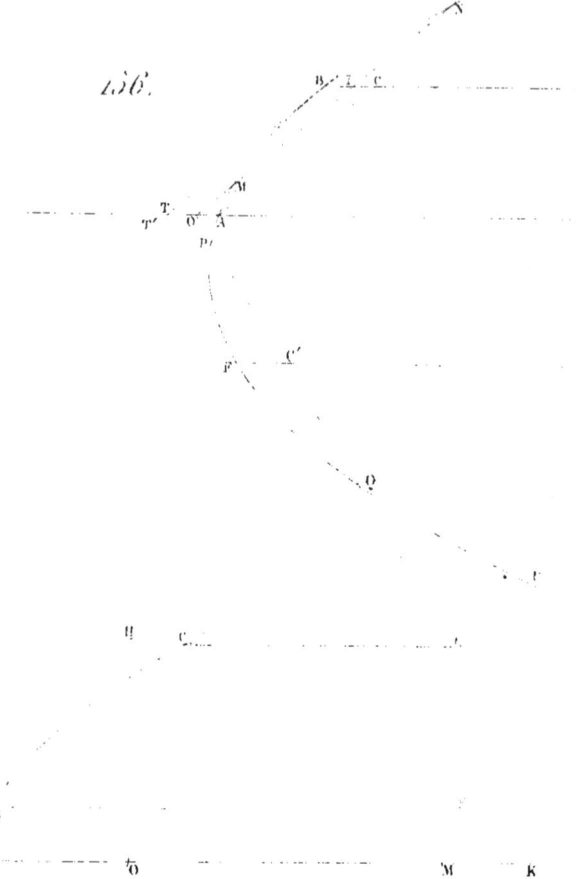
156.
B
C
K
M
T
T'
O
A
X
P
C'
K'
F
Q
158.
H
C
B
D
O
M
K

Marie, cond.r des Ponts et Chaussées del.

160 bis

B' O B

A a a' a'' a''' X

162.

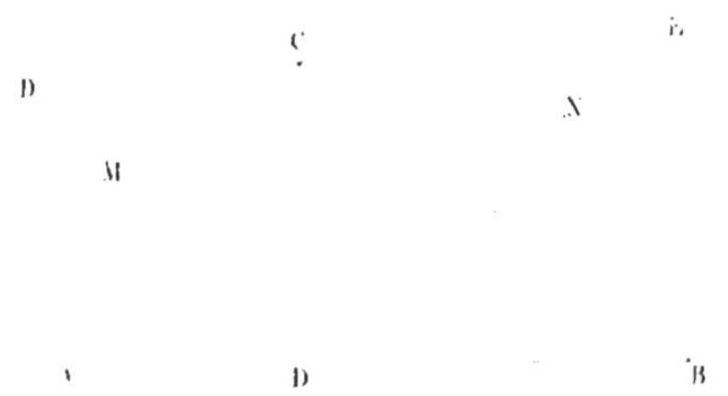

C E
D N
M

A D B

164.

A

D C O

B

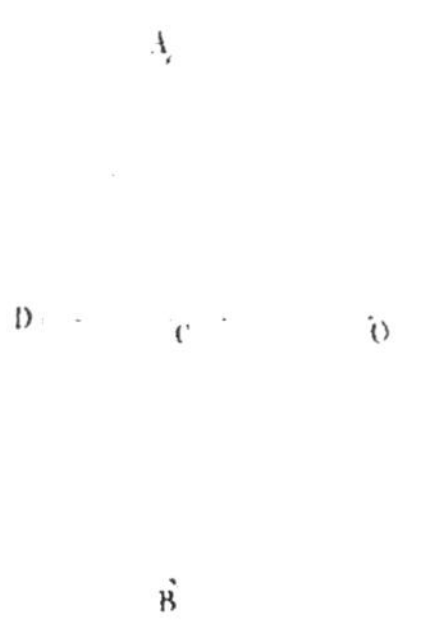

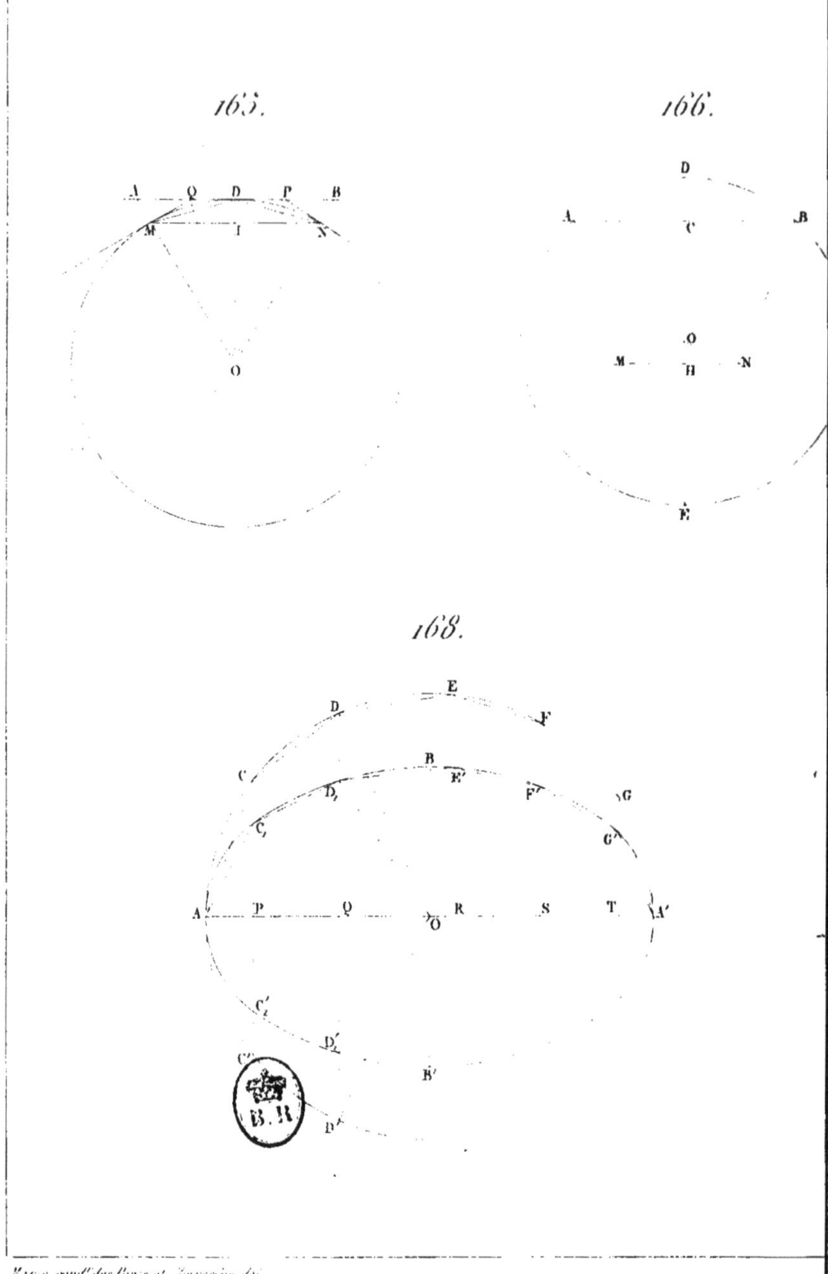




Marie cond<sup></sup>r des Ponts et Chaussées del.

Fig. 167.

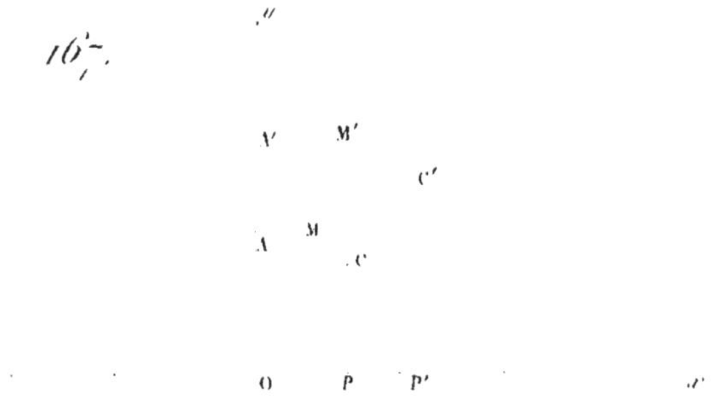

Fig. 169.

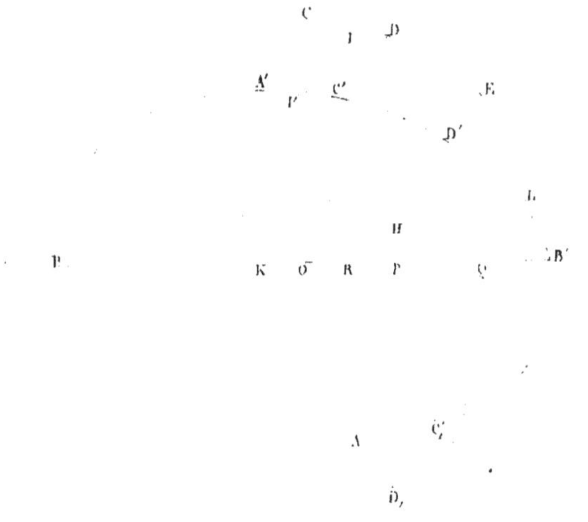

Lemaître sc.

Marie ... des Ponts et Chaussées del.

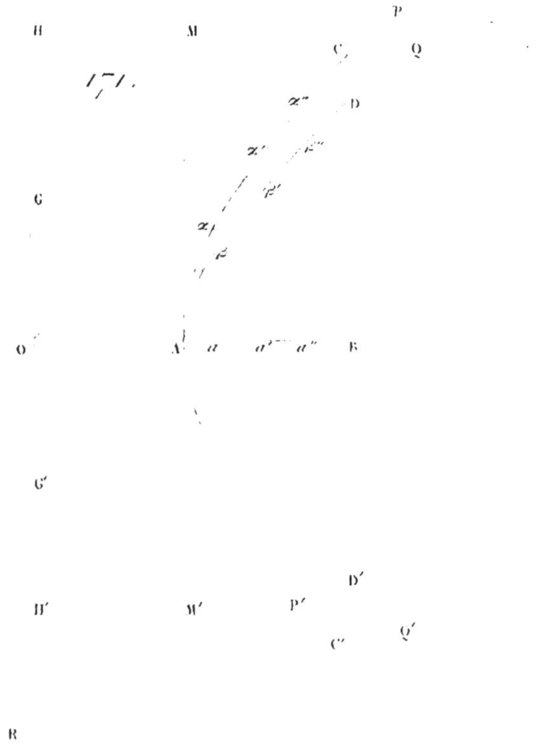

Fig. 171.
Fig. 172. 
Lemaître sc.

173.

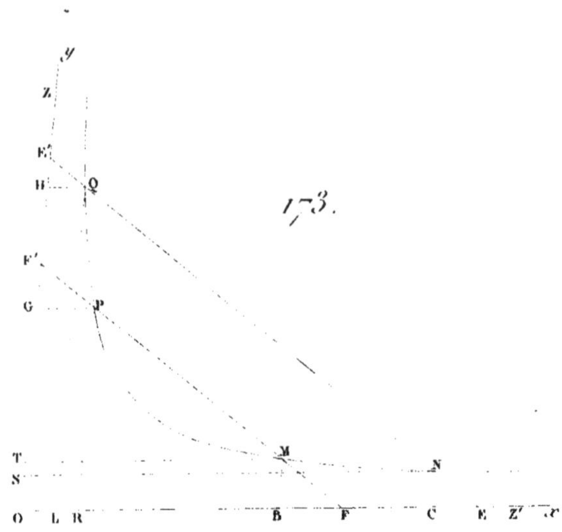

175.

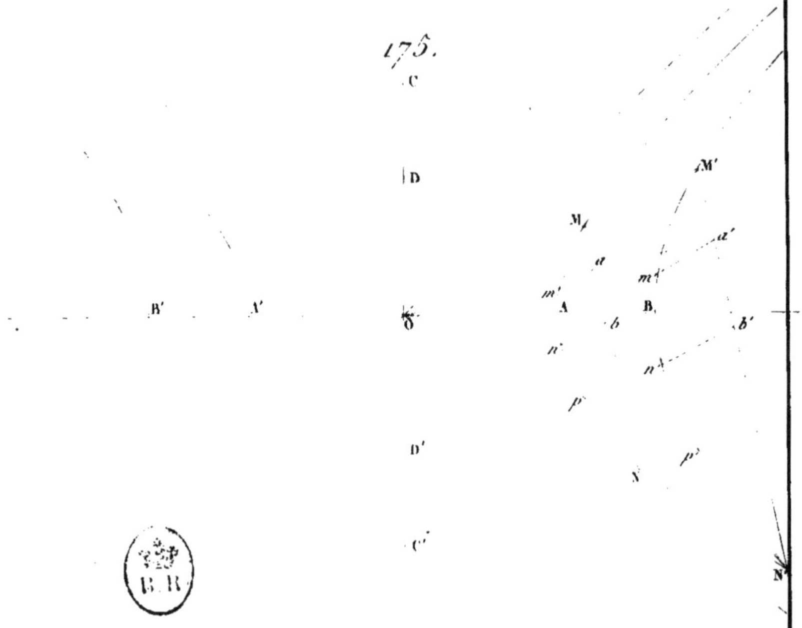

Gravé cond. des Ponts et Chaussées del.

y' y

Z

F. 7.

M B'

A m

N A' B' m' C m''

D

O P a b c d Z' x

F. 6.

Q N' N T' β' α N''

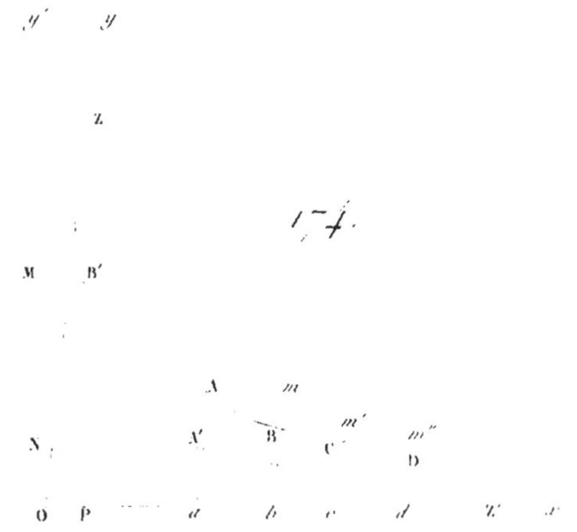

S a b c I I'

m m' m'' M''

α β γ

P M M'

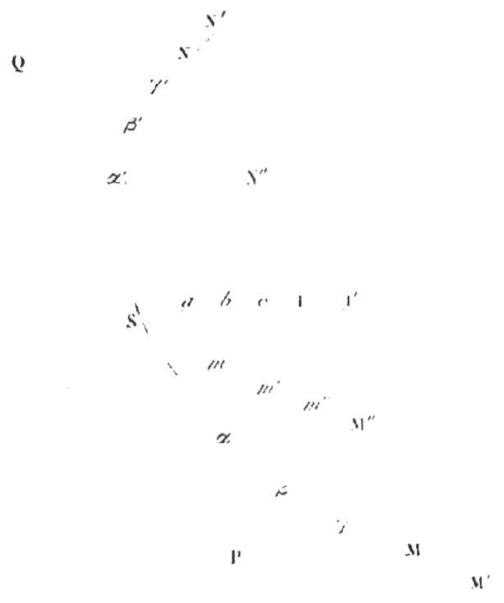

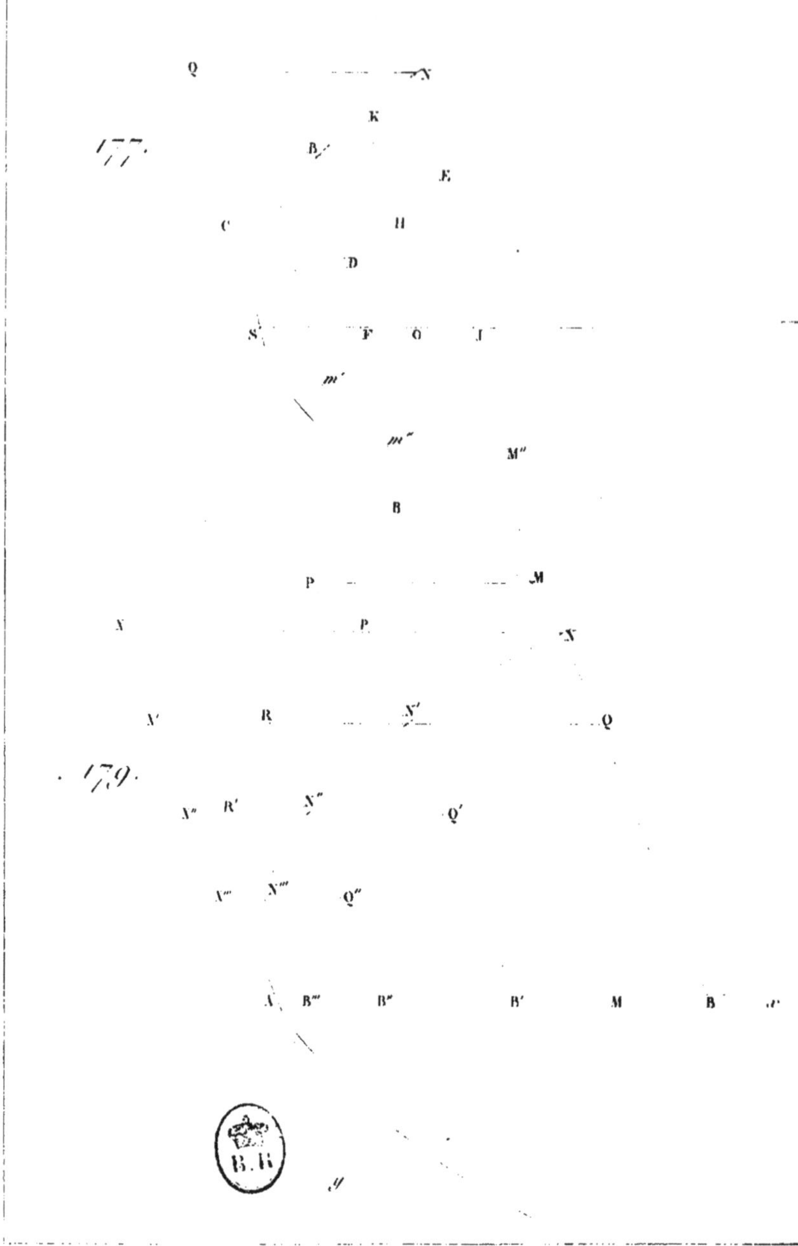




Barre cond^r des Ponts et Chaussées del.

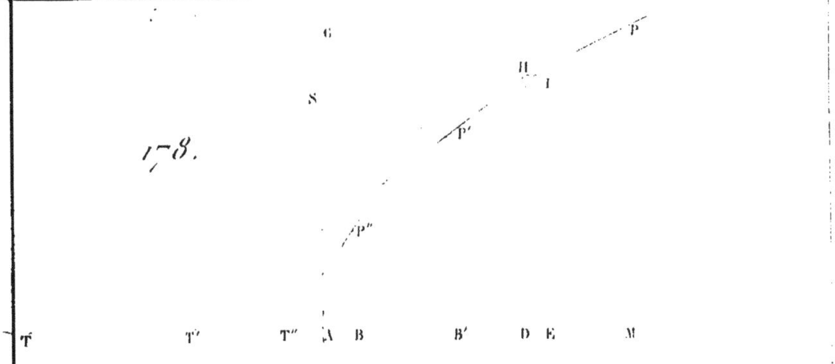

178.

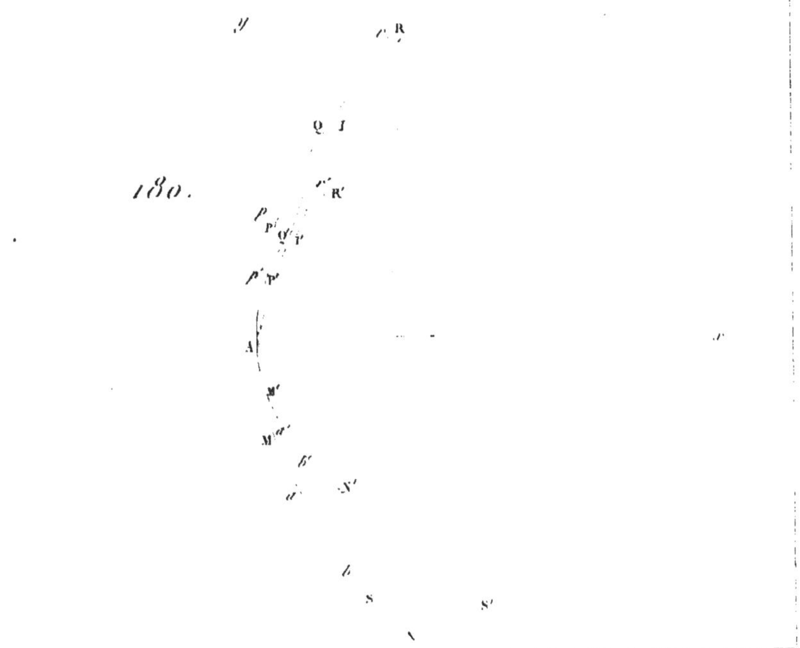

G
S
H
I
P
P'
P''
T T' T'' A B B' D E M

180.

R
Q I
R'
P Q' P'
A
M'
M
N'
S S'

Lemaître sc.

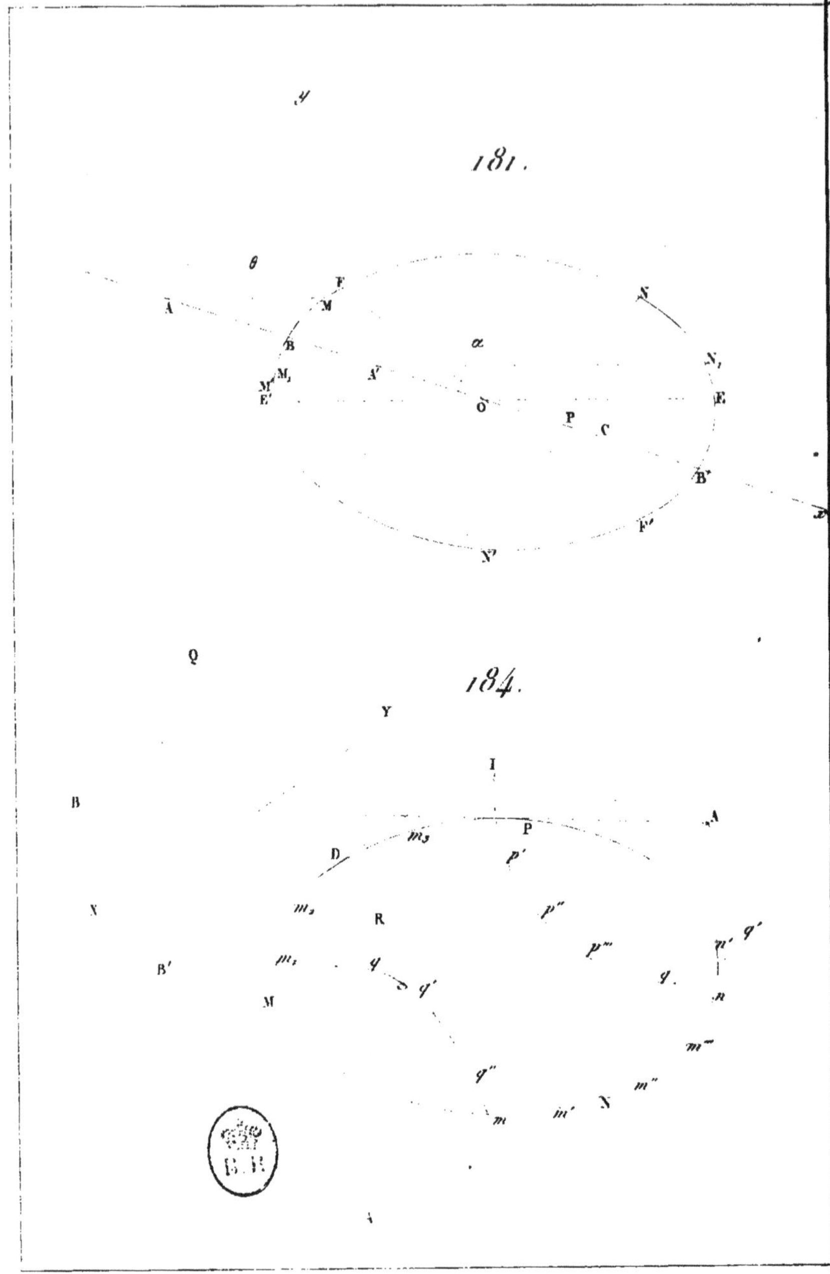


Marie, cond.r des Ponts et Chaussées del.

182.

183.

185.

186.

188.



Marie cond.r des Ponts et Chaussées del.

Pl. 45.

187.

189.

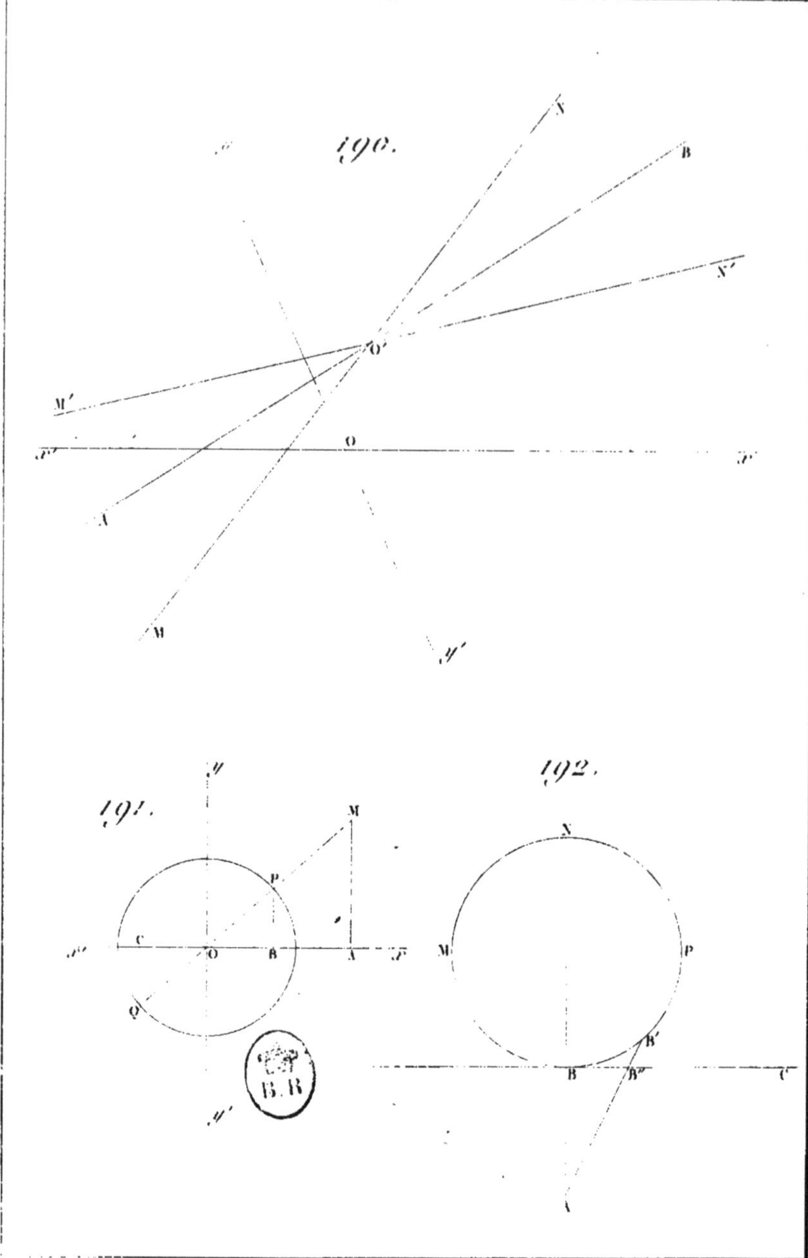


[illegible] des Ponts et Chaussées, del

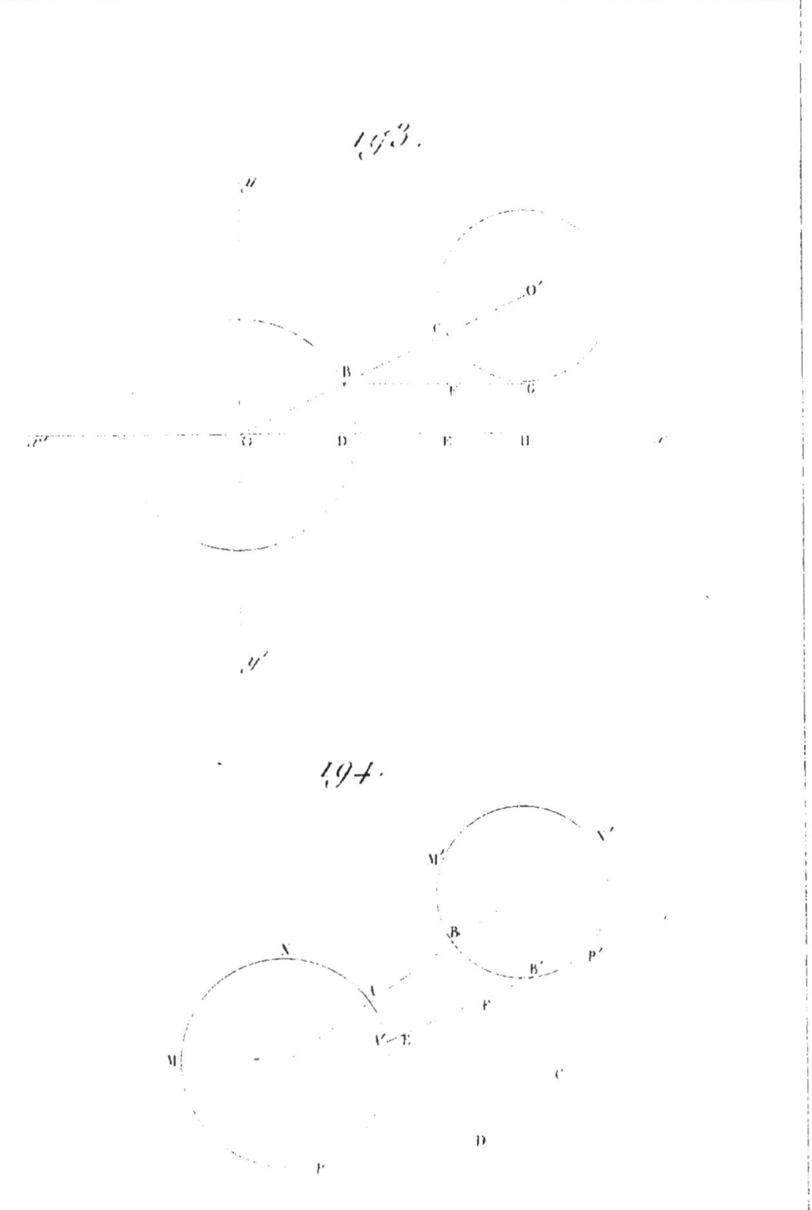
193.
O'
C
B
F
G
O
D
E
H
194.
M'
N'
B
P'
B'
N
A
M
F
E
C
D
P

195.

Marie cond.r des Ponts et Chaussées, d.l

196.

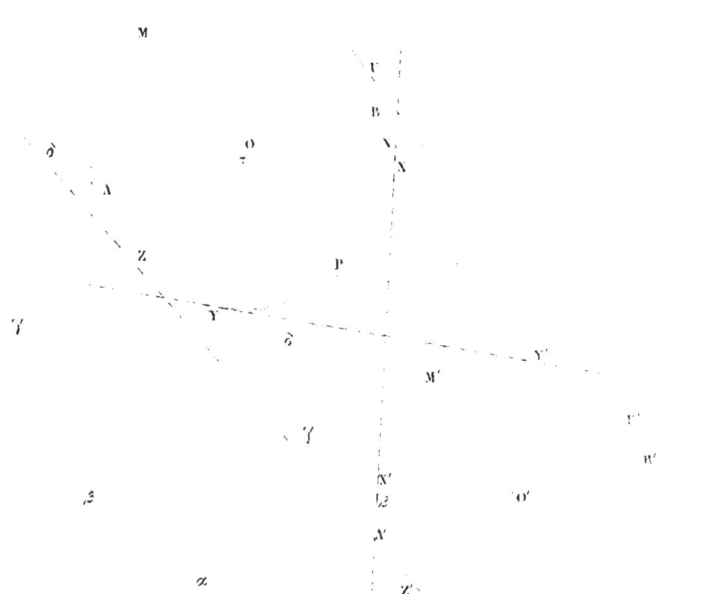


Levasseur sc.

www.ingramcontent.com/pod-product-compliance
Ingram Content Group UK Ltd.
Pitfield, Milton Keynes, MK11 3LW, UK
UKHW021143260726
13994UKWH00001B/280

9 782329 422176